FÜHRUNGS KRAFT

Wie Sie als Chef ein erfolgreiches Leadership und Team-Management-System aufbauen und Ihre Führungstechniken in Unternehmens-, Mitarbeiter- und Personalführung verbessern

2. Auflage

ISBN: 9781797016351

Inhaltsverzeichnis

Wir alle kennen sie – die Führungskraft. Wir alle sind schon einmal mit ihr in Kontakt getreten. Unsere ersten Erfahrungen haben wir meistens als Kinder durch unsere Eltern erlebt, später in Schule und Kindergarten und letztendlich im Berufsleben. Es gibt die unterschiedlichsten Stilrichtungen, Methoden und Techniken, um eine oder mehrere Personen zu führen. Wir durften in unserem Leben schon die unterschiedlichsten Personen kennenlernen, die alle ihren eigenen Stil und ihre Persönlichkeit haben.

Aber was macht eigentlich eine gute Führungskraft aus? Kann jeder Mensch eine Gruppe leiten? Bin ich überhaupt dafür gemacht? Antworten auf all diese Fragen sowie Tipps und alles rund um dieses Thema finden Sie in diesem Ratgeber.

Sie lesen hier neue, wichtige Anregungen und vielleicht die ein oder andere zündende Idee, die Ihnen noch fehlt. Wenn es Ihnen an Motivation mangelt oder Sie sich einfach noch nicht sicher sind, ob Sie für eine Führungskraft qualifiziert sind, müssen Sie einfach nur weiterlesen und Sie werden es am Ende dieses Buches wissen. Zudem können Sie einen Schnelltest absolvieren, der Ihnen einen ersten Eindruck darüber vermittelt, ob Sie die richtige Person für diese Position sind.

Und nun viel Spaß beim Lesen und viel Erfolg auf dem Weg zur Führungskraft!

Der Wunsch ist der Vater des Gedankens. Eine Beförderung zum Chef, zur sogenannten Führungskraft, steht einem großen Verantwortungsbereich entgegen. Dagegen stehen gerade am Anfang der Karriere weniger Freizeit, mehr Arbeit und jede Menge Überstunden an. Dafür stehen mehr Ansehen, ein höheres Gehalt und ein Firmenwagen im Gegenzug bereit. Doch auf das alleine darf man sich nicht fokussieren, denn die Chefrolle ist ein entsprechend geschnürtes Gesamtpaket. Ein großer Schritt nach vorne und der will von beiden Seiten gut überlegt sein. Neue Aufgabenfelder und Pflichten erwarten Sie und das bedarf Können, Wissen und Selbstdisziplin – immerhin haben Sie nun eine Vorbildfunktion. Als Führungskraft arbeitet man mit bestem Wissen und Gewissen und muss hin und wieder an allen Fronten kämpfen. Diesen Kampfgeist benötigt der unterstellte Mitarbeiter nicht. Denn er wird geführt und gelenkt und das nennt man Führungsprinzip.

Was kommt auf eine Führungskraft im Wesentlichen zu? Sie muss

- die Interessen der Firma wahren
- die Bedürfnisse und Erwartungen der unterstellten Mitarbeiter erfüllen
- ein gutes Betriebsklima schaffen
- die Vorgaben der Geschäftsführung einhalten
- die Quartals-, Unternehmens- und Projektziele erfüllen
- Kundenwünsche und deren Erwartungen erfüllen
- sich gut präsentieren
- eine gute Mitarbeiterführung vorweisen
- der Firma gegenüber loyal sein

Dies sind einige Punkte, die den geschäftlichen Ablauf in vielen Unternehmen darstellen. All das und noch viel mehr sollte eine gute Führungskraft an Qualifikationen vorweisen und mitbringen. Haben Sie das Zeug dazu? Eines müssen Sie in jedem Fall aufweisen: das

Grundgerüst der guten Eigenschaften. Sind Sie belastbar, multitaskingfähig und stets bereit, mehr zu geben? Daneben gibt es noch drei Dinge, die gute Führungskräfte tun:

Sich loyal zeigen

Die Loyalität ist in einer Firma und gerade in der Führungsebene das oberste Gebot. Es ist sicher eine Gratwanderung zwischen dem Unternehmen, den Vorgesetzten und dem Team. Gute Führungskräfte erreichen mit ihrem Zutun und ihrer loyalen Art mehr Zufriedenheit auf allen Seiten.

Nie aufhören, dazuzulernen

Es geht nicht nur um die Fortbildungsmaßnahmen, es geht mehr um das Lernen innerhalb des Unternehmens. Können aus Fehlern Rückschlüsse gezogen und Abhandlungen schneller umgesetzt werden? Es geht um die effektiven Arbeitsschritte: Was kann man ändern und was nicht? Zudem steht die Zufriedenheit der Mitarbeiter auf dem Plan, die das Fundament eines jeden Unternehmens darstellt. Als Führungskraft muss man agieren und Verbesserungen herbeiführen.

Die Selbstdisziplin vorleben

Selbstdisziplin ist ein wichtiger Aspekt, der eine positive Gruppendynamik bewirkt. Lebt man seinen Mitarbeitern die gewisse Selbstdisziplin vor, so sät man Struktur, Konsequenz und Anerkennung. Denn nur wer Selbstdisziplin vorlebt, kann sie auch ernten.

Als Mitarbeiter bekommt man gesagt was zu erledigen ist; als angehende Führungskraft hat man die Zügel in der Hand. Das ist nicht bedeutend einfacher und die Vorstellungen von den Mitarbeitern müssen in die Tat umgesetzt werden. Es soll klar gesprochen und nicht um den heißen Brei herumgeredet werden, denn nur klare Absprachen können gewissenhaft eingehalten werden.

Die Hauptaufgabe der Führungskraft liegt darin, sich der Personalführung wie auch dem Organisatorischen anzunehmen. Das kann in einem Unternehmen oder auch einer öffentlichen Verwaltung sein – eine leitende Tätigkeit, die einer gegenseitigen Rangordnung unterliegt. Demzufolge werden bestimmte Handlungen mittels Weisungsaufgabenträgern ausgeführt. Führungskräfte unterliegen ebenso strikten Anweisungen wie Mitarbeiter, die sie nach bestem Wissen und Gewissen ausführen. Sie erhalten ihre Arbeiten und Aufgaben in mündlicher wie auch schriftlicher Form.

Ihre Hauptaufgabe liegt im Delegieren und Organisieren und wird mit der jeweiligen Führungskompetenz gestärkt. Die Mitarbeiterführung hat damit oberste Priorität. Eine Führungskraft ist prinzipiell ein leitender Angestellter, dem Mitarbeiter unterstellt sind. Mit seinem Organisationstalent und seiner Menschenkenntnis werden zielgerichtet Projekte und Vorhaben erstellt. Die Schulung und Weiterbildung sind demnach Meilensteine. Eine Führungskraft setzt die Bedürfnisse des Unternehmens durch. Die Aufgaben sind breit gefächert und beziehen sich in erster Linie auf die Personalführung und die Umsetzung von zugetragenen Geschäftsfeldern. Dies sind etliche Tätigkeitsfelder, die mit der Chefetage abzustimmen sind.

Viele Unternehmen bauen auf Führungskräfte, die im Kernbereich eine wichtige Rolle spielen. Die Mitarbeiter erhalten eine bessere Struktur, den nötigen Halt und einen Ansprechpartner in allen Belangen. Ebenso wahrt die Führungskraft die Interessen des Unternehmens und ist die erste Adresse bei Personalfragen – ein Aushängeschild für einen guten Führungsstil und ein großer, nicht zu unterschätzender Mehrwert an Kompetenz.

Was macht eine gute Führungskraft und ihre Fähigkeiten aus?

- Menschen zu akzeptieren, wie sie sind
- zu vertrauen, auch wenn das Risiko hoch erscheint
- Menschen mit Respekt und Höflichkeit behandeln
- Gegenwarts- und nicht vergangenheitsbezogen an Probleme herangehen
- eine gute Menschenkenntnis vorweisen
- auch in Stresssituationen einen kühlen Kopf bewahren
- die Mitarbeiter ohne Druck und mit Einfühlungsvermögen zum Erfolg führen
- loyal sein und dennoch seine Meinung und seinen Standpunkt vertreten

Diese hochsensiblen Bereiche bringt eine gute Führungskraft mit sich und lernt in ihrer Tätigkeit niemals aus.

Wer nicht führen kann, ist nicht die richtige Person. Die Leistung der Mitarbeiter muss abrufbar sein. Wem haben Sie das letztendlich zu verdanken? Der hochqualifizierten Führungskraft. Es hört sich leicht an, Menschen auf den richtigen Weg zu bringen, doch dahinter stecken harte Arbeit, Geduld und eine unerschöpfliche Euphorie. Man könnte den Job sonst nicht richtig ausführen.

Wie führe ich richtig?

Sie und Ihre Mitarbeiter sitzen in einem Boot, das muss in Fahrt kommen und darf nicht zu kentern drohen. Sie als Kapitän sind für alle Belange verantwortlich. Wenn etwas nicht passt, stehen Sie dafür gerade. Daher ist die Aufgabenverteilung von großer Bedeutung und muss folglich gut koordiniert sein. Nehmen Sie Einfluss auf das Geschehen, aber beeinflussen Sie nicht. Zudem sind Ziele vorgegeben, die strikt einzuhalten sind. Eine „Fahrplanänderung" ist nicht im Sinne des Erfinders. Wählen Sie den richtigen Mitarbeiter für die jeweilige Tätigkeit aus. Hier kommen Ihre Erfahrungswerte mit ins Spiel. Haken Sie ein wenig die alten Strukturen ab und schaffen ein Klima für positive Veränderungen. Verlassen Sie sich auf Ihre Mitarbeiter, denn die sind bestens mit den internen Segmenten vertraut.

Der Weg zur Führungskraft ist steinig und ebnet sich im Laufe der Zeit von selbst. Nämlich dann, wenn Sie sich einen Namen gemacht haben. Sie sind dann die Person für Lösungen und für ein erstklassiges Mitarbeiterniveau. Die Firma glänzt mit einer guten Auftragslage und das ist auch Ihr Verdienst. Sicher ist das am Anfang noch Zukunftsmusik, aber durchaus realistisch. Unternehmen sind auf Personen wie Sie angewiesen. Nicht immer sind der Wettbewerb und die Konkurrenz schuld. Die eigenen Mitarbeiter schaufeln dem Unternehmen langsam aber sicher das Grab. Sie tun dies nicht mit Absicht, sondern mangels

Führung mit geeigneten Kompetenzen. Auf dem Weg zur Führungskraft lernen Sie auch die Höhen und Tiefen kennen und wachsen daran.

Der Weg zu einer angesehenen Führungskraft:

- Arbeiten Sie sich in die Tätigkeitsbereiche sorgsam ein.
- Verändern Sie Abläufe, aber überrumpeln Sie nicht.
- Beziehen Sie Mitarbeiter bei allen Entscheidungen mit ein.
- Lassen Sie die Zügel locker.
- Entwickeln Sie Beziehungen, gerade zu den Kompetenzträgern.
- Würdigen Sie die Leistungen des Teams.
- Seien Sie ein guter und loyaler Teamplayer.
- Sorgen Sie für eine angenehme Arbeitsatmosphäre.
- Stimmen Sie sich immer mit allen Beteiligten ab.
- Stehen Sie zu Ihren eigenen Fehlern und sehen nicht nur die der anderen.

Am Anfang fehlt Ihnen gerade beim Einstieg zur Führungskraft noch die Routine, die kommt aber mit der Zeit. Eine gute Führungskraft wird man nicht von heute auf morgen. Viel wichtiger ist, dass Sie Ihr Tun und Handeln immer verantworten können. Ehrlich währt am längsten, vergessen Sie das nicht.

Das Durchschnittsalter für den deutschen Chef beträgt 51 Jahre. Es gibt aber auch zahlreiche erfolgreiche Führungskräfte, die zum Teil weit unter 30 Jahre alt sind. Natürlich ist es von Vorteil, wenn man bereits einige Jahre Berufserfahrung sammeln konnte, aber es ist nicht zwingend erforderlich, um eine gute Führungskraft zu sein. Ein 22-jähriger Chef steht natürlich vor ganz anderen Herausforderungen als ein 50-jähriger. Man hat meistens auch ältere Arbeitnehmer unter sich, die einen vielleicht belächeln und nicht ernst nehmen. Wie geht man damit am besten um?

Hier muss jeder für sich selbst den passenden Weg finden. Am besten ist es natürlich, gar nicht erst belächelt oder infrage gestellt zu werden. Prävention ist hier ein gutes Stichwort. Hierzu gehören eine ordentliche Portion Selbstbewusstsein sowie Autorität. Beides hat man meistens – gerade als junge Person – in so einer Situation zu Beginn nicht. Sollte man von einigen Mitarbeitern nicht ernst genommen werden, sollte man so bald wie möglich das Gespräch suchen, um den Grund ausfindig zu machen. Hat jemand ein Problem mit dem „Chef“, so ist es ratsam, dies schnellstmöglich aufzudecken und zu klären. Man sollte sich nicht scheuen, seine Mitarbeiter darauf direkt, offen und höflich anzusprechen, sodass sich die Situation nicht weiter zuspitzt und keine schlechte Stimmung aufkommt. Es ist ratsam, dass Sie Ihr Team wissen lassen, dass es immer auf Sie zukommen kann – auch wenn Sie selbst etwas an seinem Verhalten auszusetzen haben.

Als weiteren typischen Fehler von jungen Führungskräften lässt sich sagen, dass diese oft einen großen Respekt vor dem Vorgänger haben. Gerade wenn alles gut gelaufen ist, wird nicht die Notwendigkeit gesehen, Dinge zu ändern oder Prozesse zu überdenken und zu optimieren. Das gerade kann jedoch zum Durchbruch führen und noch mal zum richtigen Erfolg werden. Sie sollten sich also einmal Gedanken darüber machen, ob alles so weitergeführt werden sollte wie bisher, oder ob es noch das ein oder andere gibt, das sich weiter verbessern lässt. Neue Ideen sind immer gefragt und oft hat man gerade als junge/r Unternehmer/-in viele Ideen im Kopf, wie man etwas verändern könnte. Wenn man sich nicht sicher ist, ob es wirklich zum gewünschten Erfolg führt, sollte man es einfach ausprobieren. Eventuell kann man sich mit seinem neuen Team beraten, um zu sehen, was die anderen von dem Vorschlag halten. Seien Sie also immer bereit für Neues und scheuen Sie nicht, Dinge zu ändern.

Man sollte auf keinen Fall schlecht über Mitarbeiter reden. Gerade wenn Sie schon länger in dem Unternehmen tätig sind, haben Sie sich oft schon über die Personen eine Meinung gebildet. Dies sollten Sie aber auf gar keinen Fall zeigen. Keine Randbemerkungen oder Anspielungen in einer Besprechung und schon gar nicht schlecht über den Mitarbeiter vor den anderen sprechen. Das wirft kein gutes Bild auf Sie und wird schlecht gewertet. Wenn Sie ein Problem mit einer Person aus Ihrem Team haben, lohnt sich ein klärendes Gespräch. Dies sollte höflich und ohne Zeitdruck stattfinden. Sagen Sie dem Mitarbeiter, was Sie stört und was Sie sich in Zukunft von ihm wünschen – Sie werden sehen, das wirkt Wunder. Mit Ehrlichkeit und Offenheit kommt man immer weiter.

Ein weiteres Thema, das junge Führungskräfte betrifft, ist der Gegenwind, den man von den Älteren bekommen kann. Vor allem, wenn Sie neue Dinge ausprobieren, die man so noch nicht kennt, wird man oft kritisiert. Hier müssen Sie einfach selbstbewusst genug sein und über diesen Äußerungen stehen.

Und wenn man eben doch mal einen Fehler gemacht hat und ein Vorschlag nach hinten losgegangen ist, so zeigt man wenigstens, dass man sich Gedanken gemacht hat und auch zu seinen Fehlern stehen kann – das wird sehr geschätzt, da es leider viele Menschen nicht können. Scheuen Sie also die Konflikte nicht und vertrauen Sie auf sich selbst.

Privates sollte man nicht vernachlässigen oder auf später verschieben. Gerade in den ersten Wochen hat man Einiges zu tun und möchte natürlich sein Geschäft zum Laufen bringen. Aber Sie sollten sich unbedingt fest vornehmen, innerhalb der ersten zwei bis drei Wochen alle Mitarbeiter persönlich kennenzulernen. Das ist sehr wichtig für den Werdegang und alle

Teammitglieder. Sie sollten auch etwas von sich erzählen und erläutern, wie Sie sich die weitere Zusammenarbeit vorstellen. Zeigen Sie Interesse an Ihren Mitarbeitern! Das sorgt für ein gutes Betriebsklima und ist Voraussetzung für eine erfolgreiche Zukunft.

Man sollte auch nicht den Fehler machen, alles selbst machen zu wollen. Es ist wichtig, als Führungskraft Arbeit abzugeben und zu verteilen. Niemand kann alles selbst erledigen und das zudem noch sehr gut. Hier sollte man sich immer vor Augen führen, dass man mehr davon hat, die Arbeiten sinnvoll aufzuteilen, und sich das zur obersten Priorität machen. Sie müssen auch an die Zukunft denken – irgendwann möchten Sie vielleicht mal wieder in den Urlaub fahren – und wer sollte dann das Geschäft am Laufen halten, wenn Sie alles selbst erledigen? Sie können sich natürlich in die Aufgaben mit einbringen, sollten sich aber auch ein Stück weit herausnehmen.

Was viele Menschen leider nicht können: die Sorgen aus dem Büro dort zu lassen und nicht mit nach Hause zu nehmen. Dabei ist es von extremer Wichtigkeit, abschalten zu können und sich die Freizeit und Auszeit, die man so dringend benötigt, auch wirklich zu nehmen. Wenn Sie abends nach einem langen Arbeitstag noch die ganze Zeit über die Dinge nachdenken, die vielleicht nicht ganz rund laufen, können Sie sich nicht entspannen, und das schlaucht ungemein. Sie sollten also lernen: Sobald Sie das Büro verlassen, ist der Arbeitsalltag erledigt und Sie checken auch nicht mehr die Mails zu Hause oder Ähnliches. Nur ausgeruht und entspannt können Sie gute Leistungen bringen. Natürlich gibt es Ausnahmesituationen, in denen es keine andere Möglichkeit gibt, noch schnell etwas abends von zu Hause aus zu erledigen. Das ist auch kein Problem, solange es eben eine Ausnahme bleibt.

Man sieht hier sehr deutlich, dass man als junger Chef mit einigen Problemen und Herausforderungen zu kämpfen hat – aber es ist alles machbar und man sollte sich davon nicht von seinem Traum abschrecken lassen. Die Herausforderungen im Leben sind es, die uns wachsen lassen, und nur wer sich ihnen stellt, kann über sich hinauswachsen. Also lassen Sie sich nicht unterkriegen und glauben Sie an sich selbst – dann werden Sie auch die anfänglichen Schwierigkeiten meistern können – und einer Karriere als erfolgreiche Führungskraft steht nichts mehr im Wege!

Beantworten Sie die Fragen möglichst ehrlich und gewissenhaft. Bei jeder Antwortmöglichkeit gibt es einen oder keinen Punkt, je nachdem, wie Sie antworten. Die zusammenaddierten Punkte ergeben dann Ihr ganz individuelles Ergebnis. So erhalten Sie eine realistische Einschätzung zu Ihrer eigenen Person. Es geht dabei nicht um das Punktesammeln, sondern nur um Sie selbst und Ihre Ehrlichkeit. Nun zum Test:

Können Sie andere motivieren?

- Wenn ich selbst von etwas überzeugt bin, reißt meine Motivation die anderen mit. Meine Leidenschaft und mitreißende Persönlichkeit sind mehr als überzeugend und genau das steckt die Mitarbeiter an. **(1 Punkt)**
- Ich gehe nicht aus mir heraus und kann dadurch keine Überzeugungskraft leisten. Mein Kampfgeist ist nicht präsent, das zeigt sich auch negativ den Mitarbeitern gegenüber. **(0 Punkte)**

Wie sieht es bei schwierigen Entscheidungen aus?

- Ich kann Entscheidungen treffen und sie auch vertreten. Es ist meine Stärke, Argumente verschiedenster Art gut abzuwägen, meinen Entschluss mit meinem Selbstbewusstsein durchzuführen und gegen die Meinung anderer uneingeschränkt zu verteidigen und vertreten. **(1 Punkt)**
- Ich bin eher der Typ, der hofft, dass sich die Entscheidung von selbst erledigt, und warte in solchen Situationen lieber ab. Zudem kann ich meinen Standpunkt nicht vertreten. **(0 Punkte)**

Welche Einstellung haben Sie zu Risiko?

- Wenn sich der Einsatz lohnt, ist dieses Vorhaben ein Risiko wert, wenn gute Chancen des Erfolgs bestehen. Meine Risikofreude ist aber dennoch gut einschätzbar und ein positiver Aspekt für das Unternehmen. **(1 Punkt)**
- Ich bin eher vorsichtig und habe Angst vor unerwarteten Entwicklungen. Kann ich etwas nicht einschätzen oder kalkulieren, steht meine Risikofreude weit hinten an. **(0 Punkte)**

Können Sie Aufgaben delegieren?

- Wenn ich mir sicher bin, dass mein Mitarbeiter in einem bestimmten Bereich die besseren Karten aufweist, wird ihm diese Aufgabe zugeteilt. Er ist dafür besser qualifiziert als ich. **(1 Punkt)**
- Ich erledige die Aufgaben lieber selbst, dann muss ich im Nachhinein nicht nach Fehlern suchen. **(0 Punkte)**

Können Sie Ziele für andere erreichen und durchsetzen?

- Da ich mir selbst ständig Ziele setze, ist es kein Problem für mich, mich für andere einzusetzen und ihr Vorhaben und das damit verbundene Ziel durchzusetzen. Gerade die Zielsetzungen motivieren und sorgen für eine Selbstbestätigung. **(1 Punkt)**
- Ich konzentriere mich auf das Alltagsgeschehen und verliere hin und wieder meine Ziele wie auch die anderer aus den Augen. **(0 Punkte)**

Wie steht es um Ihre Kommunikationsfähigkeit?

- Eine gute Kommunikation ist in Führungspositionen unerlässlich und der Erfolgsfaktor schlechthin. Daher mache ich klare Ansagen und sage auch, was ich von meinen Mitarbeitern erwarte. Diese Fähigkeiten machen mich aus und so vermeide ich diverse Missverständnisse im Vorfeld. **(1 Punkt)**

- Ich halte einige Dinge für selbstverständlich, und daher schleichen sich Fehler ein, da meine Kommunikationsfähigkeit noch zu wünschen übrig lässt. Daran muss ich noch arbeiten. **(0 Punkte)**

Wie verhalten Sie sich bei Rückschlägen?

- Der Erfolg wie die Niederlage gehören zum Geschäftsleben. Ich lerne daraus und bin damit für Rückschläge gewappnet. **(1 Punkt)**
- Wenn etwas zu scheitern droht, nagt das an meinem Selbstbewusstsein und ich nehme die Sache persönlich. Zudem habe ich damit eine Zeit lang zu kämpfen. **(0 Punkte)**

Können Sie auch hart arbeiten und sind Sie bereit dazu?

- Ich bin ein Vorbild, wenn es um Überstunden und Mehrarbeit geht. Da gehe ich mit einem guten Beispiel voran. **(1 Punkt)**
- Ich leiste selten Mehrarbeit, da ich mit meinen Aufgaben ausgelastet bin. **(0 Punkte)**

Können Sie Verantwortung übernehmen?

- Ich würde gerne die Verantwortung für größere Aufgaben übernehmen und stehe auch zu möglichen Fehlern. Diese Größe muss man in guten wie in schlechten Zeiten beweisen. **(1 Punkt)**
- Ich bin ganz froh, wenn meine Defizite bei großen Besprechungen eher in der Masse der Leute untergehen. **(0 Punkte)**

Wie gut können Sie Probleme lösen?

- Ich behalte bei Problemen einen kühlen Kopf, aber arbeite auch an mir. So komme ich besser zu einem guten Ergebnis. **(1 Punkt)**

- Leider konzentriere ich mich mehr auf die Probleme als auf deren Lösungen. Der zündende Gedanke mit Erfolgsgarantie und Widergutmachungspotenzial bleibt oftmals aus. **(0 Punkte)**

Sind Sie kritikfähig?

- Man kann nur an sich arbeiten und seine Leistung steigern, wenn man auch kritikfähig ist. Zudem wird man auf mögliche Defizite aufmerksam gemacht. **(1 Punkt)**
- Ich fühle mich persönlich angegriffen und bin nicht sonderlich begeistert, wenn andere meine Leistung beurteilen. **(0 Punkte)**

Wie gehen Sie mit Stress um?

- Wird der Stress nicht zu einem Dauerzustand, kann ich gut damit leben. Daraus lerne ich, meine Prioritäten zu setzen und einen kühlen Kopf zu bewahren. **(1 Punkt)**
- Ich bin teilweise erschöpft und überanstrengt, was sich gesundheitlich widerspiegelt. Mit Stressphasen kann ich nicht gut umgehen. **(0 Punkte)**

Wie gut können Sie sich in andere hineinversetzen?

- Ich würde mich als empathisch bezeichnen und kann mich gut in andere hineinversetzen. Man kann sich mir sehr gut anvertrauen. **(1 Punkt)**
- Es ist nicht immer leicht für mich, meine Mitarbeiter und ihre Belange zu verstehen. Ich versetze mich nicht oft in sie hinein. **(0 Punkte)**

Die Auflösung:

Der Selbsttest ist keine Garantie dafür, dass man eine gute Führungskraft ist, aber ein guter Hinweis darauf. Denn er gewährt Einblicke, wie man einiges eventuell besser machen kann.

Sie bringen gute Voraussetzungen mit, wenn Sie mehr als **9 Punkte** erreicht haben. Liegen Sie zwischen **6 und 8 Punkten**, so ist das der goldene Mittelweg. Dennoch sollten Sie in Ihrer Rolle als Führungskraft noch etwas an sich arbeiten. Vielleicht liegt Ihnen der Chefsessel noch nicht ganz bei **0 bis 5 Punkten** und Sie müssen Ihr Vorhaben noch einmal überdenken.

Sie möchten sich weiterentwickeln und die Karriereleiter nach oben erklimmen? Dann stehen Ihnen hier einige adäquate Tipps dazu parat:

Reflektieren

Die Reflexion ist ein langfristiges Ziel, um Dinge zu verändern und besser zu bewerten. Eine gute Rückzugsmöglichkeit bietet dabei die Meditation. So können Sie alles Revue passieren lassen und sie hilft zugleich bei der Entscheidungsfindung. Die nötige Entspannung und neue Sichtweisen bringt sie auch.

Leben und leben lassen

Auch wenn Sie eine Vorbildfunktion haben, heißt es immer noch: leben und leben lassen. Seien Sie eine gute Führungskraft und hören Sie zu und nicht weg, denn auch Sie sind nicht das Maß aller Dinge.

Klinken Sie sich ruhig mal aus

Gerade am Anfang wächst einem vieles über den Kopf. Nehmen Sie sich Zeit für sich und Ihre Gedankenwelt. Und das muss nicht nur von der rein geschäftlichen Seite her sein. Machen Sie, worauf Sie Lust und Laune haben. Das kann Joggen, Faulenzen wie auch Bergsteigen sein. Die Hauptsache ist, Sie schöpfen gedankliche Schaffenskraft. Abschalten ist alles und auch in der Führungsebene erlaubt.

Ordnung ist das halbe Leben

Diesen Satz kennen wir ja schon von klein auf. Gerade als Führungskraft mit Vorbildfunktion ist es äußerst wichtig, alles griffbereit zu haben. So sind Sie immer auf dem aktuellen Stand. Denn wer suchen und graben muss, wirkt nicht gerade seriös und vertrauenserweckend.

Theorie und Praxis

Vieles auf dem Weg zur Führungskraft ist angelesen. Nimmt man dann den Chefsessel ein, so muss die Theorie nahtlos in die Praxis übergehen.

Genau das kann am Anfang Probleme bereiten. Denn es läuft nicht immer nach Schema F. Seien Sie auf alles gefasst und reagieren Sie besonnen, das macht Sie zugleich auch sympathisch.

Wertschätzung

Von der Putzfrau bis zur Chefsekretärin – jeder hat Ihre Wertschätzung verdient. Auch wenn Sie oben angelangt sind, werden Sie nicht gleich zu einem unbeliebten Menschen. Sie müssen sich als Schäfer sehen und ohne Ihre Schafe sind Sie ein Nichts. Nur in der Herde ist man stark.

Es geht nicht um das Tor und die Millionen, die dahinterstehen. Es geht um den Teamgeist und die Bereitschaft zur Kommunikation. In fast schon jeder Stellenanzeige ist das Wort Kompetenz zu finden. Wer Kompetenzen lernen will, der sollte sich in einer Fußballmannschaft aufstellen lassen.

Doch wie bitte kann man Fußball auf das Büro übertragen? Das geht relativ einfach: Sie brauchen dafür keine Spieler, Ihre Mannschaft reicht dafür völlig aus. Sie müssen den Teamgeist fördern, der in so vielen Unternehmen bereits verloren gegangen ist. Damit sind Sie der Coach, der dafür sorgt, dass sich die Spieler die Bälle zuspielen. Die Mitarbeiter sollen lernen, teamfähig zu sein und sich nicht die Bälle gegenseitig wegzunehmen. Denn nur im Team ist man stark und als Einzelkämpfer versagt man irgendwann. Ihr Team hat sicher keine Fans, die kreischen, aber sie lernen schnell, wie Arbeiten schneller von der Hand gehen. Denn jeder packt mit an und niemand steht mehr alleine da. Genau das fördert, motiviert und die Kommunikationsfähigkeit zieht ein. Die wahre Stärke liegt auch darin, Niederlagen einstecken zu können. Denn das können die Fußballmannschaften der Welt auch.

Den Spruch kennt sicher jeder: „Nett ist die kleine Schwester von Sch...e! Eine Führungskraft ist sicher sympathisch. Aber nett? ***„Was du nicht willst, das man dir tu, das füg auch keinem anderen zu.“*** Das Sprichwort ist die Umkehrung des sogenannten reziproken Altruismus (kurz: *Wie du mir, so ich dir*) und praktisch der Ursprung von Höflichkeit und **Netiquette**. Gute Umgangsformen sind in jedem Betrieb das A und O und nicht erst seit Knigge gesellschaftlich relevant. Nett sein hat ja auch etwas mit Höflichkeit und Respekt zu tun. Manchmal ist es besser, nicht nett zu sein, denn das Nettsein zahlt sich nicht immer aus.

Nett zu sein hat seinen Preis – Synonyme dafür sind auch:

- reizend
- zuvorkommend
- gewinnend
- freundlich
- angenehm
- liebenswürdig

Das wären doch sehr erstrebenswerte Eigenschaften, und werden die nicht in der Führungsebene auch verlangt? Das wiederum hat seine Grenzen. Doch haben wir nicht schon als Kind gelernt, immer nett zu sein? Sind wir nett und sympathisch, ist es das Gegenüber auch. Nur im Geschäftsleben wird man davon nicht reich. Hier verlangt es nach Kompetenz und Durchsetzungskraft.

Fünf Gründe, warum Sie nicht immer nett sein sollten

Üben Sie den Selbstschutz

Nettigkeit und Naivität liegen nah beieinander und werden oftmals verwechselt. Das kann schamlos ausgenutzt werden. Sagen Sie öfters nein, auch wenn das nicht nett ist, und verschaffen Sie sich dadurch mehr Durchsetzungsvermögen und Selbstschutz. Deshalb sind Sie noch lange kein Spielverderber; es zeugt nur davon, dass Sie sich nicht länger hinhalten oder ausnutzen lassen. Als Führungskraft müssen Sie dahingehend abwägen. Sie können auch mal nett nein sagen und das auch so meinen.

Setzen Sie Grenzen

Es geht um das spiegelbildliche Verhalten und ist mit dem ersten Punkt verwandt. Bleiben Sie souverän und drücken sich dennoch direkt aus. Wer nett ist, wird schnell mal zum Ja-Sager abgestempelt. Somit setzen Sie Ihre Grenzen, und jeder weiß, was Sache ist. Und manchmal ist es auch nötig, das Kind beim Namen zu nennen, wenn derjenige Sie nicht versteht oder verstehen will.

Betonen Sie Ihre Bedürfnisse

Es wird nicht als nett empfunden, wenn wir unsere Bedürfnisse benennen und sie auch durchsetzen. Manche fühlen sich regelrecht überfahren davon. Sicher kann man Kompromisse eingehen, aber auch ganz selbstbewusst seine Meinung sagen. Das wird bei Mitarbeitergesprächen oft passieren. Nett sein hin oder her, betonen Sie Ihre Bedürfnisse. Damit wahren Sie auch Ihre Grenzen. Im geschäftlichen Bereich kann das wiederum sehr hilfreich sein.

Rückgrat bewahren

Wer zu seiner Meinung steht, wird schnell mal anecken, einen Widerspruch provozieren oder polarisieren. Das würden sich die sogenannten Ja-Sager und Menschen, die nett sind, gar nicht trauen. Jeder von uns hat seine geistige Unabhängigkeit und die soll er auch beibehalten. Zeigen Sie als Führungskraft Rückgrat und bedenken Sie, dass Ihre Meinung zählt. Das müssen Ihre Mitarbeiter akzeptieren – deshalb sind sie noch lange kein Querulant.

Und seien wir mal ehrlich: Wir bewundern diese Menschen, die immer ihre Meinung sagen, ob wir sie hören möchten oder nicht. Dennoch können diese Menschen nett, aber auch direkt sein. Als Anpasser und

Wendehals haben Sie in der Führungsebene nichts zu suchen. Denn nur ein Mensch mit Persönlichkeit strahlt Führung aus.

Halten Sie Konflikte ruhig aus

Die ewige Harmonie kann einen zu Tode langweilen. Sind Konflikte unausweichlich, bleiben Sie bitte nicht nett. Denn gerade bei Gerüchten geht es im wahrsten Sinne des Wortes an das Eingemachte. Und da sind das Nettsein und der Spaß fehl am Platz. Denn gerade Sie sind vor Gerüchten und Anfeindungen nicht gefeit und gehen am besten gleich mit aller Kraft in die Offensive. Tragen Sie das „Gerücht" ruhig aus und tragen wiederum gute Argumente vor. Nur so verschaffen Sie sich den nötigen Respekt und die Fronten sind geklärt. Denn wer immer nett ist, wird schnell mal zum Loser abgestempelt. Suchen Sie dabei den goldenen Mittelweg.

Sie werden in wenigen Stellenanzeigen lesen „Suchen nette Führungskraft", denn das zeugt nicht von Kompetenz und Durchsetzungskraft. Diese Eigenschaften jedoch benötigen Sie mehr, als Sie denken. Bleiben Sie einfach fair, dann haben Sie die Nase vorn.

Hard Skills – Die Fachkompetenz im Job

Umgangssprachlich werden Fachkenntnisse oder Fachkompetenzen auch Hard Skills genannt. Das wiederum ist ein Gesamtpaket aus dem Fachwissen der Schule, dem Studium, IT-Kenntnissen, Sprachkenntnissen und dem handwerklichen Geschick. Im Studium oder bei Bewerbungsprozessen werden die Hard Skills mit Fragen und Aufgaben getestet und eruiert. So geben auch die Tests, Zeugnisse und Klausuren dem neuen Auftraggeber Auskunft über die Fachkompetenz, den Bildungsstand und letztendlich auch über die Qualifikationen. Demnach sind die Hard Skills wichtige Einstellungsvoraussetzungen – ohne sie läuft schon lange nichts mehr.

Als Führungskraft benötigt man das gewisse Händchen in der Mitarbeiterführung und – wie sollte es anders sein – eine gute Menschenkenntnis. Denn immerhin zahlen die Unternehmen gutes Geld, damit ihr Betrieb bestens geführt wird. Daher muss die Führungskraft in etlichen Belangen hochqualifiziert sein. Heute ist es fast an der Tagesordnung, dass sich Firmen eine Führungskraft ins Boot holen, da Mitarbeiterführung das A und O ist. Dennoch muss die Führungskraft mit Wissen und Kenntnisstand zum Image der Firma passen.

Sind daher die Hard Skills alle gleich?

Nein, denn es unterscheiden sich ja die Fähigkeiten und Tätigkeitsbereiche. Das kommt wiederum auf den Job an.

- Hard Skills können Zusatzqualifikationen sein, wie eine Fortbildungsmaßnahme zum Personalkaufmann/zur Personalkauffrau
- Hard Skills können auch fachliche Qualifikationen sein, wie eine Ausbildung, ein Studium oder eine Lehre zum Industriekaufmann/zur Industriekaufrau
- Fremdsprachenkenntnisse
- EDV-Kenntnisse
- Berufserfahrung
- Praktika im Ausland

Wie man sieht, kann man nicht alle Hard Skills über einen Kamm scheren. Hard Skills sind ebenso jederzeit durch Kurse, Nachschulungen und weiteren Qualifikationen veränderbar. Sie können demzufolge Ihre Karriere vorantreiben, indem Sie Weiterbildungsmaßnahmen ergreifen. So wird Ihre Kompetenz verbessert und Ihre Schwächen werden ausgemerzt. Weiterbildung zahlt sich immer aus. So gehen Sie mit der Zeit und sind immer auf dem aktuellsten Stand. Das fordern die Firmen heute geradezu. Dieses Wissen geben Sie dann an Ihre Mitarbeiter weiter. Der Führungsstil ist heute menschlicher und umfassender geworden. Außerdem bezieht er viele Bereiche mit ein. Ebenso sollten Sie immer stärker und kompetenter als der Durchschnitt sein. Dann sind auch Sie erfolgsorientiert.

Wer befördert wird, kommt seinem Ziel ein Stück näher. Spannende Aufgaben, ein Job mit mehr Einfluss und ein Mehr an Verantwortung stehen an. Die Aussichten sind verlockend und das Gehalt ist perfekt. Niemand denkt aber an Überforderung im Beruf. Wer seine Karriere im Auge behält, der muss sich gut vorbereiten. Eines ist dabei sehr wichtig: Ihr Chef und Vorgesetzter muss Sie auch wahrnehmen, sonst nützen all Ihre Fähigkeiten nichts. Da hilft nur eine ausgeklügelte Strategie.

Setzen Sie sich dezent und effektiv in Szene

Hier arbeiten zwei Parameter eng miteinander zusammen. Die Selbstdarstellung und das Selbstmarketing. Das muss mit einer Portion Wissen und Kompetenz gekonnt in Szene gesetzt werden und darf keinesfalls aufgesetzt wirken. Werden Sie dabei nicht zum Schleimer, sondern zeigen Ihre Präsenz. Eines noch vorweg: Eigenlob stinkt. Sie machen auf sich aufmerksam, aber bombardieren Ihren Chef nicht mit Leistungsnachweisen. Das wirkt gekünstelt und nicht echt.

Tipp: Das richtige Timing ist angesagt. Folgen Sie dem Prinzip *„Steter Tropfen höhlt den Stein"*. Demzufolge muss der Kontext stimmen und auch ein wenig Geduld ist mit im Spiel. So treten Sie eher Ihre Beförderung an und gehen Ihrem Chef nicht mit nichtssagenden Worten auf die Nerven.

Muss ich eine Beförderung vorbereiten?

Die Vorbereitung ist die halbe Miete und kann für Ihren beruflichen Aufstieg sorgen. Der erste Schritt in Richtung Karriere.

Drei Gründe, warum die Vorbereitung so wichtig ist

- **Erwartungen klären:** Was erwartet welche Seite, also Sie und das Unternehmen? Klären Sie das im Vorfeld, bevor auf beiden Seiten Unsicherheiten entstehen.
- **Die Beförderung** muss gut vorbereitet sein, um überhaupt in ihren Genuss zu kommen. Sie haben verdeckte Nebenbuhler, die auch gerne auf dem Siegertreppchen stehen würden.
- Durch **Interesse und Eigeninitiative** heben Sie sich von den anderen Kandidaten ab.

Aber nicht nur Ihre Fähigkeiten stehen im Vordergrund, auch der langsame und stetige Beziehungsaufbau zum Chef. Bleiben Sie daher immer positiv im Gespräch, das ist keineswegs aufdringlich. Steht eine Beförderung an, sollten Sie der erste Gedanke in der Chefetage sein.

Was wollen Sie damit erreichen?

Sie sollten nicht die letzte Cola in der Wüste darstellen, jedoch soll Ihr Chef bei einer Beförderung sofort an Sie denken. Sie sind in jeder Hinsicht seine erste Person. Das ist zukunftsorientiert gedacht und bietet einen Mehrwert auf ganzer Linie. Sie denken weit über die Arbeit hinaus und nutzen Ihre strategische Denkweise, und genau die kommt Ihnen auch in Zukunft zugute.

Worauf achten Kunden?

Der Kunde ist König, das kennen wir ja schon. Aber manchmal wird er auch mit Füßen getreten. Wichtig ist bei einer Führungskraft das gute Zusammenspiel aus Kundenzufriedenheit, Optimierung, Sorgfalt und pflichtbewusstem Handeln. Diese Qualitäten zeichnen eine Führungskraft aus. Bleiben Sie daher immer kundentreu, dann sind Sie auf dem richtigen Weg.

Sind Sie für diese Position geeignet?

Es geht um eine interne Bewerbung, um eine höhere Position, die mit mehr Verantwortung behaftet ist. Diese Gedanken sollten Sie sich im

Vorfeld machen, und nicht nur, dass das Angebot verlockend klingt, denn als Führungskraft müssen Sie Ihre Managerqualitäten beweisen.

Bleiben Sie immer am Ball

Eine Beförderung kommt nicht so einfach in den Briefkasten geflogen. Nehmen Sie daher jede interne Schulung und Fortbildung wahr. So können Sie Ihre Referenzen und Fähigkeiten ausbauen.

Leisten Sie Mehrarbeit

Es wird auch gerne gesehen, wenn Mitarbeiter noch nach Dienstschluss geistig anwesend sind. Was nicht heißt, dass Sie das Privatleben komplett vernachlässigen sollen. Aber so hin und wieder zeigen Sie Interesse an den laufenden Dingen. Wer zusätzliche Arbeiten übernimmt, kommt gut an.

Die Bewerbung zur Beförderung muss hieb- und stichfest sein

Ihre Bewerbung muss in allen Belangen sitzen und schon auf den ersten Blick überzeugen. Sauber, ordentlich und exakt zusammengefasst, glänzt sie mit Referenzen, Ihren firmeninternen Ansichten und Ihrer Leistungsbereitschaft auf mehr. Eines dürfen Sie nicht vergessen: Wurden Sie auserkoren, dann heißt es „Kleider machen Leute". Der legere Look ist dann vorbei und Anzug und Krawatte sind Pflicht.

Bevor Sie aber an das Eingemachte gehen, führen Sie ein Vieraugengespräch mit dem Chef. Es ist kein Meeting, sondern die große Bühne. Es geht um Vorstellungen, Visionen und mehr. Zudem können gleich Zweifel aus dem Weg geräumt werden. Fragen Sie ruhig, so kommen Sie Stück für Stück weiter. Bereiten Sie Fragen konstruktiv vor. Liegen andere Kollegen im Rennen, sind diese in Ihrem Gespräch nicht relevant. Es geht nur um Sie. Und schleimen Sie nicht. Man kann es nicht oft genug sagen.

Viele Arbeitnehmer stehen Schlange, so auch Sie, wenn die Chefrolle ausgeschrieben wird. Das Unternehmen denkt im geschäftlichen Sinne und es soll kein Konkurrenzkampf geführt werden. Die Wenigsten kommen für diese Position infrage. Auch wenn der Arbeitsmarkt gute Leute bietet, nicht immer pickt man sich die Perlen heraus. Der Mitarbeiter aus eigenem Hause ist bekannt und seine Leistungen hochgeschätzt. Gehören auch Sie zum Kreis der Auserwählten, dann kommt es auf die beidseitigen Fähigkeiten an, denn niemand will den Bock zum Gärtner machen.

Als angehende Führungskraft kennen Sie das Unternehmen. Das kann von großem Vorteil sein. Haben Sie auch immer Ihre Hausaufgaben gemacht? Sie treten nicht in die Fußstapfen des Vorgängers, Sie verändern die Position positiv. Mit Schwung und Elan gehen Sie ans Werk heran. Aber aufgepasst, zu viel Enthusiasmus und zu viele Neuerungen können dem Unternehmen und seinen Mitarbeitern schaden. Gehen Sie alles langsam und mit Bedacht an. Immerhin müssen sich die Mitarbeiter wie Sie auch selbst an die neue Situation erst einmal gewöhnen.

Man kennt Sie schon. Das ist schon einmal nicht schlecht. Und nun behalten Sie das gute Betriebsklima bei und arbeiten daran. Sie haben nun Einfluss auf eine gute und entspannte Atmosphäre am Arbeitsplatz. Und bitte, lassen Sie den Chef nicht zu sehr heraushängen. Sie selbst sind noch in der Probezeit und müssen sich beweisen.

Regeln gelten auch für Sie. Genau darauf kommt es an, sonst erhalten Sie und Ihr Team keine Struktur. Bleiben Sie teamfähig, korrekt, ehrlich und werden Sie bloß nicht unnahbar. Das würde nicht lange gutgehen. Werden Regeln in einem Unternehmen aufgestellt, gelten sie für jeden, das heißt, auch für Sie.

Die lange Betriebszugehörigkeit und der schnelle Aufstieg ehren Sie wirklich sehr. Vielleicht haben Sie das Talent und das Zeug dazu, sich zu beweisen. Dennoch, bleiben Sie immer auf dem Boden der Tatsachen. Der rote Teppich ist da noch in weite Ferne gerückt. Es stehen genug Kollegen in den Startlöchern und warten darauf, bis Sie den entscheidenden Fehler machen. Nicht jeder ist Ihnen wohlgesonnen. Eine Führungskraft muss sich eben erst einmal beweisen.

Was macht eine gute Führungskraft aus?

Die Unternehmen haben es in der Hand, sich die Besten herauszupicken. Doch das alleine reicht bei Weitem nicht aus. Demzufolge müssen Sie als Nachfolger einiges vorweisen und sich der Chefetage unterordnen. Im Endeffekt will man Ihre Leistung erst einmal sehen:

Fortbildung

Bloß weil Sie auserwählt wurden, heißt es nicht, dass Sie sich auf Ihren Lorbeeren ausruhen können. Weit gefehlt, jetzt kommt es auf Ihre Qualifikationen und Fähigkeiten an. Diese sind bei Weitem noch nicht ausgereift. Die beste Investition der Unternehmen sind Fortbildungen. Die berufliche Weiterbildung ist auch bei „hohen Tieren“ unerlässlich und steht hoch im Kurs. Nur so sind Sie den Anforderungen gewachsen und immer auf dem aktuellsten Stand. Zielgerichtete Schulungen wirken sich auf die Kompetenzen und Fähigkeiten aus. Daher sollten alle Unternehmen in Fortbildungsmaßnahmen investieren. Das stärkt das Mitarbeiterprofil, die Leistungsbereitschaft und gibt zugleich Sicherheit und Halt.

Ohne Hilfestellungen geht es nicht

Niemand kann seinem auserwählten Mitarbeiter die Führungsposition anbieten und ihm nur mit einem feuchten Händedruck beglückwünschen. Auch eine angehende Führungskraft benötigt einen roten Faden in der Hand. Die nötige Verantwortung dafür trägt immer noch das Unternehmen. Zudem muss eine Vertrauensbasis geschaffen werden. Auch Fehler zu machen ist erlaubt. Hilfestellungen sind gerade am Anfang Ihrer Karriere das A und O.

Es darf kein Sprung ins kalte Wasser werden

Bedenken Sie: Niemand wird als Chef geboren und jeder muss sich in diese Rolle erst einmal einfinden. Man ist Teil eines Teams und durchlebt einen Perspektivwechsel. Wie geht man als ehemaliger Kollege mit Ihnen um? Immer noch beim lockeren Du bleiben, oder sich mehr vom angehenden Chef zurückziehen? Das ist für alle Seiten nicht leicht. Bedenken Sie aber: Die Rolle wurde Ihnen nicht geschenkt, Sie haben Sie sich hart erarbeitet. Demzufolge ändert sich auch die firmeninterne Hierarchie. Das kann so einiges an Gutem wie auch an Schlechtem bewirken.

Konkurrenz in den eigenen Reihen

Denken Sie nicht, dass jeder Ihnen begeistert und ehrlich auf die Schulter klopfen wird. Die Konkurrenz steht in den Startlöchern. Dennoch ist das konstruktive Miteinander wichtig und nicht das Gegeneinander-Arbeiten. So kommt keiner ans Ziel – es heißt ja nicht umsonst, alle sollen an einem Strang ziehen. Wenn Sie merken, es wird gegen Sie gehetzt, gehen Sie in die Offensive. Wenn Sie schlau sind, machen Sie sich Ihre „Feinde" zu Freunden und binden sie in Ihr Vorhaben ein. Auch das hat etwas mit gegenseitiger Wertschätzung zu tun.

Freundschaft

Wir verbringen so viel Zeit im Büro, da ist es ganz normal, dass sich Freundschaften entwickeln. Doch Sie stehen nun auf der anderen Seite. Soll man die Freundschaft noch beibehalten? Warum nicht! Dennoch müssen ein paar Grenzen gesetzt werden. Sie müssen das Private von dem Beruflichen gut trennen. Entziehen Sie einem alten Weggefährten nicht das Du, das gehört sich einfach nicht. Bei den neuen Mitarbeitern empfiehlt sich wie üblich das Sie. Das ist auch im geschäftlichen Bereich eher angemessen. Es kommt jedoch immer auf das jeweilige Unternehmen an – forschen Sie nach. Ist das Du allgemein gebräuchlich, sondern Sie sich nicht ab.

Distanzen wahren

Das ist einfacher als gedacht und muss sein. Es ist Ihr Team, dennoch gehören Sie nicht mehr dazu. Sie sind Ihren Mitarbeitern keine Rechenschaft schuldig, kommen Sie mal fünf Minuten zu spät. Zudem werden Sie vom Flurfunk ausgenommen und bekommen den Tratsch und Ratsch nicht mehr hautnah mit. Also, verhalten Sie sich gemäß Ihrer Führungsposition und wahren Distanz.

Mitarbeiter

Sie kennen ihre Stärken und Schwächen und das bringt auch Vorteile mit sich. Denn so wird jeder mit den Arbeiten vertraut, die ihm liegen. Sie kennen die Pappenheimer im Büro, die sich gerne vor jeder Arbeit drücken. Hier kommt dann Ihre Motivation und Aufbauarbeit ins Spiel. So heißt es: delegieren und dennoch jedem seinen Freiraum lassen. Engen Sie die Mitarbeiter mit Ihrer forschen Art nicht ein.

Respekt

Rivalität entsteht meist aus Naivität heraus. Verdienen Sie sich Ihren Respekt bei den Mitarbeitern und Kollegen, das gehört zum guten Führungsstil. Sprechen Sie ruhig den einen oder anderen an, wenn er Ihnen gegenüber über die Stränge schlägt. Probleme kann man lösen und sich damit Respekt verschaffen, nur werden Sie nicht hochnäsig oder arrogant dabei.

Konflikte bewältigen

Scheuen Sie keinen Konflikt und sitzen Sie selbst keine Entscheidung aus, auch wenn es noch so unbequem ist. Unliebsame Entscheidungen gehören nun mal zum Tagesgeschäft. Es wird viele Bereiche geben, wie die Überstunden der Mitarbeiter, bei denen Ihnen das Team einmal nicht wohlgesonnen ist. Dennoch, bleiben Sie sich selbst treu und stehen die Dinge aus. Ohne Struktur und Disziplin ist auch ein gutes Unternehmen schnell dahin. Nehmen Sie sich das zum Leitsatz.

Checkliste und Tipps

Werden Sie vom Mitarbeiter zum Chef aufsteigen, dann suchen Sie sich die interessanten Tipps heraus, die Sie betreffen. Es ist leicht gesagt, eine Führungskraft zu sein, aber Ihr Vorhaben muss Hand und Fuß haben:

Stärken und Schwächen

Machen Sie eine Selbstanalyse und fragen Sie sich, wohin die Reise gehen soll.

Persönlich: Was will ich erreichen? Was kann ich? Wie ist meine Haltung zu verschiedenen Dingen? Welche Werte bringe ich mit?

Innerbetrieblich: Was will ich verändern und welche Ziele möchte ich erreichen?

Personell: Welche Hoffnungen stecke ich in die Mitarbeiter und welche Erwartungen treffen dann ein? Welcher Mitarbeiter ist für welche Aufgabe geeignet? Welchen Führungsstil und welche Ziele habe ich mir gesteckt?

Die Abstimmung mit dem eigenen Vorgesetzten

Es ist nicht alles Gold, was glänzt. Und der angehende Erfolg macht einsam, gerade wenn man das Bindeglied zwischen der Chefetage und den Mitarbeitern ist. Sie haben in diesem Fall eine Sandwichposition. Die Gruppendynamik fehlt dabei. Denn Sie können sich nun schlecht mit den Mitarbeitern austauschen. Ebenso müssen Sie unliebsame Entscheidungen treffen. Manchmal sitzen Sie zwischen zwei Stühlen, das muss Ihnen als Führungskraft bewusst sein. Ihrem vertrauten Kollegen müssen Sie vielleicht gerade heute die Leviten lesen und ihn zur Rechenschaft ziehen.

- Ihre exakten Befugnisse müssen geklärt und erläutert werden – nutzen Sie die Aussprache mit der Chefetage. Sehen Sie als Führungskraft Handlungsbedarf, dann nehmen Sie ihn war.

- Eine gute Zusammenarbeit ist in allen Bereichen wichtig. Strahlen Sie das nicht nur aus, sondern leben das auch aus.
- Zeigen Sie, dass Sie sich Ihrer neuen Position bewusst sind. Vom Mitarbeiter zum Chef bedeutet Loyalität dem Unternehmen gegenüber. Präsentieren Sie so Ihre tiefe Verbundenheit.

Nutzen Sie die verbale und nonverbale Kommunikation

Führungsqualität zeichnet sich nicht nur durch die verbale Kommunikationsfähigkeit aus. Ihre ganze Körperhaltung spricht für sich. Ihr Körper hat mehr zu sagen, als Sie denken. Die Haltung wahren ist die oberste Disziplin und hat auch oberste Priorität. Wie trete ich auf: Gehe ich aufrecht und nicht gebückt? Was haben meine Hände zu sagen? Wir gestikulieren sehr viel, manchmal sogar unbewusst. Zudem spielt Ihre Mimik eine wesentliche Rolle. Beobachten Sie sich ruhig einmal im Spiegel, Sie werden sehen, Ihr Körper und Ihre Stimme bilden nicht immer eine Einheit. Hier heißt es üben, üben und nochmals üben. Lesen Sie Bücher über Rhetorik, denn Ihren Mitarbeitern kommt nichts aus – sie haben meist eine sehr feine Beobachtungsgabe.

Sie sind nicht auf einer einsamen Insel

Machen Sie nicht den Fehler und denken, Sie haben das alleinige Sagen. In gewisser Weise schon, doch auch hier sind Ihre Grenzen gut abgesteckt. Sicher können Sie als beginnende Führungskraft keine Gehaltsentscheidung treffen, oder einen Mitarbeiter in einer höheren Stellung positionieren. Demzufolge können Sie nicht frei schalten und walten. Sie sind nicht auf einer einsamen Insel, also benehmen Sie sich auch nicht so. Ihr Team muss geschlossen hinter Ihnen stehen und Sie nicht meiden oder negieren. Sie sind der Kopf der Truppe; Alleingänge enden oftmals im Labyrinth.

Welche Fähigkeiten zeichnen Führungskräfte aus?

Chef sein will gelernt sein und Chef bleiben ist manchmal ganz schön schwer. Die einen wachsen schnell in die Rolle der Führungskraft hinein, andere benötigen mehr Zeit. Nicht nur die Berufserfahrung ist ausschlaggebend, es kommt noch auf ganz andere Qualitäten an.

Der Schnelldurchlauf

- klare Ziele sich selbst und den Mitarbeitern aufzeigen
- Ihr Wissen erweitern und es an die Mitarbeiter weitergeben
- Aufgaben delegieren
- transparent kommunizieren (Rücksicht und Vorsicht)
- Verantwortung übernehmen
- Kritik annehmen und austeilen
- wichtige Entscheidungen treffen
- Lob aussprechen
- empathisch sein
- eine entspannte Arbeitsatmosphäre ist Gold wert

Überlassen Sie nichts dem Zufall, denn auf Sie und Ihre Haltung kommt es im Wesentlichen an. Meist stehen und fallen Unternehmen mit einer Führungskraft. Sie sind das Aushängeschild und die Visitenkarte zugleich. Bleiben Sie daher objektiv und kommunikativ und schweigen nichts tot. Zudem übertragen sich Ihre positiven Angewohnheiten auf die Mitarbeiter.

Die Rolle der Führungskraft ist manchmal auch undankbar. Wenn es um Entlassungen geht, müssen Sie den Mitarbeiter darauf vorbereiten. Auch wenn Sie den Eindruck haben, hier wird einmal blau gemacht und nicht die volle Leistung gegeben. Das kann schon mal unbeliebt machen. Dennoch müssen Sie sich an die Vorgaben der Chefetage halten und die Mitarbeiter an Ihre. Ebenso sind Sie in einigen Bereichen der Vermittler und Kommunikator. Und manchmal auch die Schulter, an der man sich ausweinen kann. Das macht eine gute Führungskraft aus. Vorrangig geht es um das Schaffen und Ausbauen von Vertrauen. So ist auch eine Rüge kein Vertrauensbruch.

Wie sieht es nun mit Ihren Fähigkeiten aus?

Sie müssen sich in jedem Fall Ihrer Aufgabe gewachsen fühlen und Ihre Kompetenz und Fähigkeiten ausstrahlen. Bei den Mitarbeitern werden Sie in jedem Fall unter die Lupe genommen. Eben auch, da Sie die neue Führungskraft sind. Und wie immer muss man sich beweisen und das vom ersten Tag an. Es ist sicher ein komisches Gefühl, wenn alle Augenpaare auf einen gerichtet sind. Doch letztendlich müssen sich auch die Mitarbeiter vor Ihnen beweisen und zur Höchstform auflaufen. Diese Kür steht ihnen noch bevor.

Ihre Fähigkeiten im Überblick

Soziale Kompetenz – ein wichtiges Thema

Über den Misserfolg und Erfolg entscheidet die soziale Kompetenz. Dieser Begriff ist ausladend. Dahinter verbergen sich Kommunikationsstärke, Teamfähigkeit und Eigenmotivation. Es ist, wenn man so will, unsere Persönlichkeitskompetenz und somit unser persönlicher Fingerabdruck. Exakt diese soziale Kompetenz macht 40 Prozent unseres Erfolgs aus. Somit auch Ihren Erfolg, der noch in den Startlöchern steckt. Doch zeichnet das auch Ihre Fähigkeiten aus?

Die soziale Kompetenz ist nicht wie die harte Qualifikation (Hard Skills) erlernbar. Dafür gibt es kein Abitur und keinen Abschluss und sie ist demzufolge auch nicht an einem Zertifikat messbar. Die soziale Kompetenz tritt erst im Miteinander in Vorschein. Doch nicht erst auf Ihrem Weg zur Führungskraft, nein, sie beginnt bereits im Kindergarten. Hier zeigt sich schon recht früh, wer in der Gruppe auffällt und wer nicht. Und das nicht mit Glanz und Gloria, sondern inwiefern man aus der Rolle fällt. Man ist nicht gruppenkompatibel und eckt auch schon im Kindergartenalter überall an. Dabei zählen nur die eigenen Handlungsziele, die der anderen nicht. Schnell werden bei Kindern

Förmchen und Schaufeln zu Wurfgeschossen. Diese Verhaltensweisen setzen sich im Leben fort, dann eher in der verbalen Form.

Als Führungskraft weisen Sie soziale Kompetenz, soziale Intelligenz sowie auch soziale Empathie auf. So sind Sie in der Lage, klug und situationsgerecht zu agieren, wodurch Sie verbindlicher und seriöser wirken.

Ihre soziale Kompetenz glänzt daher mit

- Toleranz
- Belastbarkeit
- Einfühlungsvermögen
- Verlässlichkeit
- Glaubwürdigkeit
- Frustrationstoleranz
- Lernbereitschaft
- Durchsetzungskraft
- Kritikfähigkeit

Dennoch kann es zu Auseinandersetzungen kommen. Das ist wie das Salz in der Suppe. Dampf abzulassen ist nicht verkehrt, bevor man tagelang schmollt. Was nicht heißt, dass ein Abteilungskrieg ausbrechen soll. Hier sind Sie als Schiedsrichter mit im Spiel. Sie müssen nur abwägen und Ihre soziale Kompetenz walten lassen, das wird unumgänglich sein. Trotzdem dürfen Sie sich nicht alles gefallen lassen und für andere der Sündenbock sein. Verfügen Sie über die Gabe, gegensätzliche Verhaltensweisen situativ zu kombinieren, besitzen Sie zwei hervorstechend grundlegende Fähigkeiten:

- die **Selbstkompetenz**, die konstruktive Konfliktfähigkeit
- die **Sozialkompetenz**, das Talent zur Kooperation

In Ihrem Beruf müssen Sie genau das beherrschen. Nur so werden aus Mitarbeitern gute Leute und nur so findet sich eine Linie, denn Sie alleine bewegen sie dahin. Der Einsatz Ihrer Fähigkeiten ist in Ihrer Stellung das oberste Gebot.

Ist die soziale Kompetenz ein wichtiger Karrierefaktor?

Vielleicht ist man nicht besser und durchwegs sympathischer, aber man findet sich schneller und vor allem organisierter in Situationen ein. Die soziale Kompetenz weist kein Machtmonopol auf, ist aber dennoch ein wichtiger Karrierefaktor, ohne den es nicht geht. Und wie immer spielt die Harmonie aus etlichen positiven Eigenschaften eine wesentliche Rolle.

Besitzen Sie folgende Fähigkeiten?

- Ich muss nicht das letzte Wort bei Diskussionen haben.
- Ich gebe gerne die Verantwortung ab.
- Ich verstehe die Motive anderer.
- Ich finde leicht Anschluss im privaten wie im geschäftlichen Bereich.
- Ich kann kritisieren, ohne zu demotivieren und zu kränken.
- Ich gebe eher ein Lob als ein negatives Feedback ab.
- Ich ordne meine Interessen dem Team unter.
- Trennendes fällt mir weniger auf als Gemeinsamkeiten.
- Ich kann sehr gut mit Kompromissen leben.

Sie sind sehr sozialkompetent, je häufiger Sie die Aussagen mit einem Ja beantworten können. Dies müssen Sie allerdings über einen längeren Zeitraum beobachten. Sie weisen keine soziale Kompetenz auf, wenn Sie sich nur hin und wieder mit Kompromissen abfinden können.

Hier können Sie sich selbst testen, die drei Tests und Fragebögen anklicken und Ihre Ergebnisse mit der Auflösung erhalten.

ANZEIGE

- Sind Sie ein guter **Zuhörer**?
- Zu welchem der 4 **Kollegentypen** gehören Sie?
- Wie **nett** sind Sie wirklich?

Es gibt wahrscheinlich vieles, was Sie noch lernen müssen. Dazu zählen das Reden, Zuhören und das Verstehen. Und eines ist wichtig: Ihre Kommunikationsstärke. Sie beginnt mit Vermitteln und Erklären und endet mit Verstehen und Verständnis haben. Hin und wieder auch mal Schweigen können, das macht eine gute Führungskraft aus. Diese Kompetenzen können Sie lernen, um dann frei zu argumentieren und zu debattieren. Das lässt Sie sogleich charismatischer und selbstbewusster wirken.

Niemand kann alles auf einmal sein und mit seinen tollen Fähigkeiten nur so um sich werfen. Das wäre eher geprahlt als wahr. Aber Sie können sich fast alles aneignen. Nur die soziale Kompetenz, die hat man oder hat man nicht. Es kommt auf Ihren Einstieg an. Sind Sie ein Insider mit fundierten Fachkenntnissen oder ein Quereinsteiger, der frischen Wind mit sich bringt? All das ist bei einer Führungskraft sehr relevant.

Welche Erwartungen werden an Führungskräfte gestellt?

Nicht nur die angehenden Mitarbeiter müssen Ziele und Erwartungen erfüllen – auch Sie.

Was erwarten Vorgesetzte und Firmeninhaber?
Häufig werden die Erwartungen widersprüchlich und missverständlich zum Ausdruck gebracht. So können Konflikte entstehen. Bringen Sie die Ziele auf das Papier, legen damit Prioritäten fest und fassen die Ergebnisse zusammen. Nicht immer sind Vorgesetzte wie auch Firmeninhaber auf dem Laufenden. Gehen Sie gut vorbereitet und mit Fakten ins Gespräch, das kann durchaus imponieren.

Machen Sie sich demzufolge für die nachstehenden Fragen bereit:

- Auf welche Unterstützung und Mittel können wir bauen?
- Bis wann müssen die Ziele erfüllt sein?
- Woran ist die Zielsetzung gescheitert?
- Haben wir einen Plan B?

Solche Gespräche stehen mit Ihren Vorgesetzten an und Sie müssen konstruktiv Rede und Antwort stehen.

Sind die Ziele erreichbar?
Lassen Sie sich nur auf Ziele verpflichten, die auch realistisch sind und, wenn möglich, einen Handlungsspielraum aufweisen. So können Sie und Ihr Team dem Vorhaben etwas entspannter entgegensehen und Sie arbeiten nicht unter Zeitdruck oder hinken hinterher. Daher müssen die Ziele in jedem Fall realistisch sein.

Binden Sie Ihr Team mit ein?
Die Vorgaben sind teamorientiert, zeitlich und inhaltlich vorgegeben. So hat die Reise auch ein Ziel. Nehmen Sie sich dabei dem Wesentlichen an.

Denn von einem Torwart wird auch nicht erwartet, dass er Tore schießt. Lassen Sie demzufolge Ihr Team in bestimmten Bereichen machen und greifen wenn nötig ein.

Schritt für Schritt mit dem Team

- Sprechen Sie vorab mit den Mitarbeitern.
- Erklären Sie den Istzustand und was vom Team verlangt wird.
- Erarbeiten Sie mit Ihrem Team zusammen Zielvorgaben und planen deren Umsetzung.
- Die Unterstützung muss durch das Team gesichert sein.
- Wägen Sie die Risiken gut ab.
- Begeistern Sie Ihre Mitarbeiter für das Vorhaben und unterstützen sie. Teilen Sie die Erfolge und treten auch mal alleine für den Misserfolg ein. Der Erfolg wie auch Misserfolg liegt in Ihrer Hand.

Achten Sie auf etwaige Stolperfallen, die durch Missverständnisse entstehen. Das kann an zu wenig Kompetenz und der fehlenden Kommunikation liegen.

- Missverständnisse der Prämissen
- Missverständnisse der Erwartungen
- Missverständnisse der benötigten Ressourcen
- ein zu großer Aktionismus
- fehlende kommunikative Verantwortung
- Missverständnisse zwischen Chef, Führungskraft und Mitarbeitern
- strukturloses Arbeiten
- keine freien Kapazitäten vorhanden
- Arbeiten unter Druck erschwert die Zielvorgaben
- wichtige Mitarbeiter werden krank und können durch andere nicht ersetzt werden
- mangelndes Vertrauen
- mangelnde Flexibilität von allen Seiten

- kein teamorientiertes Denken
- jeder steht als Einzelkämpfer da

Bei Ihren Vorarbeiten, gerade zu einem großen Projekt, müssen Sie mit allen Eventualitäten rechnen. Niemand kann im Vorfeld planen, aber ein starkes Team nimmt einem vieles aus der Hand. Und genau das ist Gold wert. Nutzen Sie daher die kommunikativen Fähigkeiten aus und denken Sie immer einen Schritt voraus. Geschulte und gute Mitarbeiter haben schon oftmals den Karren aus dem Dreck gezogen. Sie als Vorreiter und Führungskraft sind der Antrieb des Geschehens. Zeigen Sie gerade in hektischen Zeiten Ihre Bereitschaft zur Mitarbeit.

Welche Führungstechniken und Stile gibt es denn eigentlich? Wir werden uns hier weiter mit den verschiedenen Methoden beschäftigen. Man unterscheidet generell sechs verschiedene Führungsstile – diese werden Ihnen hier weiter erläutert. Seien Sie offen für alle und schauen Sie, welche Ihnen am meisten zusagen. Mischformen sind in der Realität häufiger vorzufinden als eine einzige Technik. Auch ändert sich die Technik häufiger – je nach Situation, Unternehmen, Aufgabenstellung etc.

Sie werden vielleicht erst einmal den einen Führungsstil austesten, um dann zu merken, dass Sie mit einem anderen doch besser zurechtkommen. Für den Anfang ist es meist sinnvoll, sich zwei Führungsstile herauszusuchen und miteinander zu vermischen. Machen Sie sich einen ersten Plan, wie Sie sich selbst sehen. Versetzen Sie sich in die Lage Ihrer Mitarbeiter und stellen sich vor, was Sie sich selbst von Ihrem Vorgesetzten wünschen. Die meisten Menschen wünschen sich eine selbstsichere, starke Persönlichkeit, die sich durchsetzen kann und weiß, was sie will. Die aber auch auf ihre Mitmenschen eingeht und sie ernst nimmt. Wenn Sie erst einmal angefangen haben, werden Sie schnell feststellen, was zu Ihnen passt und was nicht. Das Wichtigste ist, sich auf sein Gefühl und seine Intuition zu verlassen und seine Ziele dabei nicht aus den Augen zu verlieren.

Der autoritäre Führungsstil

Kurz ausgedrückt bedeutet er, dass ich sage, was zu tun ist. Diese Technik ist nur bedingt zu empfehlen, da sie sehr einschränkend ist und es für das Team wenig Spielraum gibt, sich selbst mit einzubringen. Man muss hier mit negativen Konsequenzen rechnen. Die Mitarbeiter fühlen sich oft unterdrückt und können keine eigenen Ideen einbringen. Man delegiert hier die Aufgaben und gibt vor, was jeder zu tun hat. Positiv ist hierbei zu erwähnen, dass jeder genau sein Wirkungsgebiet kennt und genau vorgegeben bekommt, was zu tun ist, sodass es zu keiner Verwirrung kommt. Als Führungskraft muss darauf geachtet werden, dass die Aufgaben auch wirklich so ausgeführt werden wie vorgegeben und auch von der jeweils richtigen Person. Bei Notfällen, zum Beispiel bei Krankheit einer Person, muss schnell reagiert und die Aufgabe an eine andere Person übergeben werden. Sie müssen hier sehr konsequent reagieren. Nehmen Sie eine aufrechte Haltung ein, eine feste Stimme ist wichtig, um auch ernst genommen zu werden. Die Aufgaben müssen klar strukturiert werden und dürfen keinen Spielraum von Unklarheiten beinhalten.

Der demokratische Führungsstil

Hierbei lassen Sie einen gewissen Handlungsspielraum mit einfließen. So können die Mitmenschen ihre eigenen Ideen und Vorstellungen einbringen – die ein oder andere gute Idee ist bestimmt dabei. Hier gehen Sie auch auf die Wünsche Ihres Teams ein und nehmen die Personen ernst, mit denen Sie zusammenarbeiten. Sprechen Sie die Aufgaben mit Ruhe und Nachhaltigkeit aus und nehmen Sie auch die Ideen Ihrer Mitmenschen mit auf. Sie sollten hierbei eine aufrechte Haltung einnehmen, mit ruhiger und bestimmter Stimme sprechen und zeigen, dass Sie Interesse an den Ideen Ihres Teams haben. Sagen Sie, Sie sind immer offen für neue Anregungen, und lassen Sie Ihre Mitarbeiter wissen, dass Sie stets ein offenes Ohr für alle Ängste, Sorgen, Probleme und Ideen haben.

Leistungsbetonte Führung

Hierbei handelt es sich – wie der Name schon vermuten lässt – um leistungsorientierte Führung. Hier hat die zu erbringende Leistung höchste Priorität und man agiert hauptsächlich als Vorbild. Machen Sie sich klar, dass Ihr Team sich an Ihnen orientiert. Das heißt, wenn Sie selbstbewusst sind und wissen, was sie tun, wie Sie sich etwas vorstellen und wie etwas zu erledigen ist, werden Ihre Mitarbeiter dieses Verhalten auch übernehmen. Man sieht auch sehr schön am Kleidungsstil, wie die Menschen um Sie herum Sie als Vorbild nehmen. Treten Sie immer tadellos im Anzug auf, werden Ihre Mitarbeiter auch viel Wert auf ihr Äußeres legen. Kleiden Sie sich hingegen lässig mit Jeans und T-Shirt, so wird kaum jemand im Anzug erscheinen. Sie sollten sich vor Augen führen, dass Sie nichts von Ihren Mitarbeitern verlangen sollten, was Sie nicht selbst auch tun. Das hält Sie auf der einen Seite autoritär, auf der anderen Seite fühlen sich Ihre Mitmenschen auch nicht überfordert und wissen, dass sie immer zu Ihnen kommen können und nicht völlig auf sich allein gestellt sind.

Beratender Führungsstil

Eine weitere Technik, als Führungskraft aufzutreten, ist der beratende Führungsstil. Hierbei lassen Sie Ihrem Team generell viel Spielraum zur Selbstentfaltung und Selbstentwicklung. Sie beobachten Ihre Mitarbeiter sehr genau, um zu sehen, wer in Ihrem Team die wirklichen Leistungsträger sind und welche Personen besonders gefördert werden sollten, zum Beispiel durch Fortbildungen und Schulungen. Hierbei geht es darum, das Potenzial der Mitarbeiter zu erkennen und gezielt zu fördern, um als Team besser agieren und handeln zu können. Die Konkurrenz schläft nicht – deswegen ist es wichtig, stetig an sich zu arbeiten und sich ständig weiterzubilden, um nicht auf der Strecke zu bleiben. Das gilt natürlich nicht nur für Sie als Chef, sondern insbesondere auch für Ihr Team. Nur zusammen sind Sie stark!

Der gefühlsorientierte Führungsstil

Hierbei gehen Sie mit vollem Gefühl an die zu lösenden Aufgaben heran. Sie vertrauen hierbei auf Ihr Gefühl und wählen zum Beispiel Neuzugänge aus, die am besten zu Ihnen und Ihrem Unternehmen passen. Es ist wichtig, sich auch in die Lage seiner Mitarbeiter zu versetzen, um sie besser deuten zu können. Man sollte sich immer wieder vor Augen führen, dass es auch für Ihr Team nicht immer leicht ist, in einer untergeordneten Position zu stehen und stets darauf zu achten, dass sich alle im Team wohlfühlen. Denken Sie immer daran – auch Sie haben einmal klein angefangen und wissen, wie Sie sich damit gefühlt haben. Die Gefühlswelt ist ein nicht zu unterschätzender Bereich, der immer mit Harmonie gefüllt sein sollte, um die bestmöglichen Ergebnisse zu erzielen.

Der visionäre Führungsstil

Dieser Führungsstil ist vor allem dann von Vorteil und sehr wichtig, wenn Sie in einem Bereich mit hoher Konkurrenz arbeiten. Sie sollten selbst genau wissen, was Sie erreichen möchten, wo Sie sich in fünf Jahren sehen, und dieses Bild an Ihre Mitarbeiter übermitteln. Dabei ist es wichtig, vollkommen von seiner Vision überzeugt zu sein, da man sonst unglaubwürdig erscheint. Auch wenn Sie damit vielleicht etwas abgehoben rüberkommen, so ist es ratsam, Ihre Mitarbeiter von Ihrem Vorhaben zu überzeugen und auch zu motivieren, es zu erreichen.

Wie anfangs schon erwähnt, trifft man meistens – rein intuitiv – auf mehrere Führungsstile und nicht nur einen. Unterschiedliche Aufgaben mit unterschiedlichen Menschen und Situationen benötigen Flexibilität – und das auch gerade in der Art der Führung. Sie haben nun die wichtigsten Techniken kennengelernt, um eine Gruppe von Menschen erfolgreich leiten zu können. Was Sie genau daraus machen, hängt zum einen von Ihrer Persönlichkeit ab, was zu Ihnen passt, welche Ziele Sie haben, und von Ihrer ganz eigenen individuellen Situation. Vielleicht müssen Sie sich auch erst eine Weile ausprobieren, um zu sehen, was zu Ihnen, Ihrem Unternehmen und Ihren Mitarbeitern am besten passt. Sie werden sicher den geeigneten Weg finden, um erfolgreich ein Team zu leiten.

Es wird den Führungskräften nicht nur einiges im täglichen Geschäftsleben abverlangt, sie müssen ebenso begeisternd, optimistisch wie auch erfolgreich sein. Nur dann haben sie das Vertrauen der ganzen Mannschaft auf ihrer Seite. Die allseits gegenwärtige Kompetenz steht an erster Stelle. So gibt es auch bedeutende Soft Skills, die renommierte Personalberater, Wissenschaftler und Unternehmen im Auge behalten. Mit diesen Soft Skills arbeiten die großen und erfolgreichen Firmen, um kontinuierliche Verbesserungen herbeizuführen. Es heißt nicht umsonst: Von nichts kommt nichts. Ebenso muss man den Zeichen der Zeit gerecht werden.

1. **Durchsetzungsfähigkeit**
2. **Einsatzbereitschaft**
3. **Entscheidungsstärke**
4. **Führungskraft**
5. **Eigeninitiative**
6. **Selbstbeherrschung**
7. **Kommunikationsfähigkeit**
8. **Kooperationsbereitschaft**
9. **Problemlösungskompetenz**
10. **Teamfähigkeit**
11. **Verantwortungsgefühl**

Dies sind unerlässliche Parameter, die im guten Zusammenwirken ans Ziel führen. Da es immer auf Ihre Fähigkeiten ankommt, setzen Sie sich sogleich mit Ihrer Selbstanalyse auseinander, denn das kann hilfreich sein. So erhalten Sie einen ersten Eindruck über sich. Hier ein Auszug dazu, wie Sie Ihr Vorhaben mit nachhaltigem Erfolg in die Tat umsetzen:

1. Beginnen Sie mit den ausgeprägten Soft Skills und enden mit denjenigen, wo Sie den größten Entwicklungsbedarf sehen.

2. Suchen Sie sich ein Beispiel einer von Ihnen geschätzten Führungskraft heraus und sortieren Sie es für die Liste der Verbesserungen ein.
3. Arbeiten Sie nach der Vorbildfunktion und versuchen Sie, für die bei Ihnen weniger ausgeprägten Fähigkeiten sich daran zu orientieren und diese nach und nach zu ändern. Dann ist es nur ein kleiner Schritt, sich in diesen Punkten zu verbessern.
4. Nehmen Sie sich die vorangegangenen Projekte als Beispiel und lesen sie nochmals vor Ihrem geistigen Auge ab. Wo waren Ihre Führungsqualitäten und wo Ihre Schwächen? So können Sie in Zukunft die Defizite besser identifizieren. Nur so kommen Sie und Ihre Mitarbeiter zielführend zum Erfolg, und der kann mit versammelter Mannschaft gefeiert werden.

Lassen Sie die Selbstanalyse ruhig einmal zu Hause, bei Freunden oder Ihrem Hobby walten. Wie nehmen die anderen Sie wahr, sind Sie der perfekte Coach und auch Zuhörer und gehen bei einem Misserfolg nicht über Leichen, sondern stehen dazu? Auch das gehört zu einer guten Führungskraft: die mentale Stärke, der Sinn für Humor und eine aufgeschlossene Persönlichkeit. Viele Bereiche können in der Selbstanalyse rekonstruiert und ermittelt werden, wie auch Ihre Einsatzbereitschaft. Daher müssen auch Sie in hohem Maße über die Soft Skills verfügen und selbstverständlich unter Beweis stellen. So können Sie gekonnt Ihre Stärken und Fähigkeiten ausspielen und zu Ihrem großen Vorteil machen. Schwächen hat jeder Mensch, die können Sie ein wenig kaschieren. Gehen Sie immer taktisch klug vor, bei Bewerbungen und in Ihrem Berufsalltag, denn nur so können Sie sich optimal beweisen.

Die guten Vorsätze stehen an der Tagesordnung, die negativen Eigenschaften lauern schon ums Eck. Niemand wird im Handumdrehen zur Führungskraft und kann seine negativen Eigenschaften ablegen. Dann würden wir einen Teil unserer Persönlichkeit verlieren. Das Gesamtpaket macht uns aus. Treten Sie eine Führungsposition an, dann stehen Sie sich oftmals selbst im Weg.

Der Perfektionismus

Der Anspruch an sich selbst, alles richtig und besser zu machen. Nur wo führt er letztendlich hin und wann nimmt er einem das Ruder aus der Hand? Vermeiden Sie von Anfang an die Detailverliebtheit und den selektiven Perfektionismus. Der steht Ihnen und Ihrer Arbeit nur im Weg. Es braucht das gewisse Gespür und das richtige Mittelmaß, Arbeiten gut zu erledigen. Stehen Sie sich jedoch mit dem Perfektionismus nicht selbst im Weg, denn er macht verbissen und schränkt in der Denkweise ein.

Ich muss es heute noch schaffen

Alles schön und gut, nur wenn Sie nicht mehr bei der Sache sind, kommt am Ende nichts dabei heraus. Lassen Sie lieber Ihr Organisationstalent walten, arbeiten Sie konstruktiv und nach Plan. Dann sind Sie immer im zeitlichen Rahmen und üben keinen Druck auf sich und andere aus.

Seinen Sie auch mal stolz auf sich

Deshalb müssen Sie nicht gleich überheblich wirken. Loben Sie sich und klopfen sich auch einmal auf die Schulter. Bei negativen Ereignissen sind wir schnell mit der Selbstbestrafung. Loben Sie auch Ihre Mitarbeiter, das geht bekanntlich runter wie Öl und hebt die Stimmung.

Verplanen Sie sich nicht

Der Terminkalender gerät aus allen Fugen und Sie sind mittendrin. Sie haben sich gerade verzettelt und verplant. Achten Sie auf Freiräume und Denkpausen, nur so kommen Sie ans Ziel. Wer alles auf einmal erledigen will, der wird scheitern.

Wie Sie sehen, vermischen sich die guten Vorsätze mit den negativen Eigenschaften. Daher ist es ratsam, sich neu zu organisieren. Gerade zum Einstieg der Karriere möchte man auch alles richtigmachen. Nur stellen Sie sich mit Ihrem Perfektionismus nicht selbst ein Bein.

Werden Sie ein besserer Chef und lesen Sie sich das Alphabet von A – Z aufmerksam durch.

Absprache

Wurden Absprachen Ihrerseits getroffen, dann halten Sie sie auch ein. Eine Absprache ist nichts anderes als ein mündlicher Vertrag.

Beispiele

Seien Sie ein gutes Beispiel, gehen auch mit diesem voran und führen nicht per Befehl oder Appell. Ein beispielhaftes Führen erzielt mehr Respekt.

Coaching

Nicht nur Ihre Mitarbeiter benötigen einen guten Coach, auch Sie benötigen einen, der Ihnen hin und wieder auf die Sprünge hilft. Sonst treten Sie nur auf der Stelle.

Delegieren

Vertrauen Sie nicht nur Ihren eigenen Stärken, sondern delegieren Sie, denn das ist eine elementare Führungsstärke.

Erwartungen

Viele Führungskräfte setzen die Erwartungen tatsächlich zu tief als zu hoch an. Das bedeutet im Klartext, sie haben kein Vertrauen in ihre Mitarbeiter und machen die Arbeit lieber selbst.

Feedback

Ein Feedback kann impulsiv wie auch konstruktiv sein und muss mit Argumenten untermauert sein. Dabei kommen die Fakten auf den Tisch.

Größe

Damit ist nicht Ihre Körpergröße, sondern Ihre wahre Größe gemeint. Geben Sie ruhig einmal Ihre Fehler zu. So verschaffen Sie sich Anerkennung und Respekt.

Heuern

Oftmals werden zu schnell neue Leute angeheuert, wenn sich Lücken im Team bilden. Die Position wird dann schnellstmöglich vom greifbaren Bewerber besetzt. Nur leider ist das ein Schuss in den Ofen. Einstellungen sollten Sie immer absprechen und nicht von jetzt auf gleich einen Bewerber anheuern.

Involvieren

Involvieren Sie Ihr Team in alle Tätigkeitsbereiche und alle Neuerungen. So stellen Sie die Mitarbeiter nicht vor vollendete Tatsachen.

Ja-Sager

Sie schätzen den Austausch und die Kommunikation? Dann achten Sie darauf, nicht gleich zum Ja-Sager zu werden, denn das weist zudem eine emotionale Schwäche auf.

Klarheit

Eine wolkige Aufstellung treibt so manchen Mitarbeiter in die Verzweiflung. Klare Ansagen sind daher notwendig.

Limits

Wer sich ein Limit setzt, muss es auch einhalten können. Somit müssen Sie effektiv planen und produktiv handeln. Dann sind Sie in der Spur.

Mentor

Sie sind der Mentor und ein Vorbild zugleich. Daher geben Sie Ihre Erfahrungen weiter und geben dadurch Verantwortung ab.

Nassauer
Das möchte man nun wirklich nicht sein. Meist verstecken sich dahinter Ideen-Klauer-Miesepeter, die jede Kreativität im Keim ersticken. Der Pessimist, der keine Führungskraft sein sollte und zum ständigen Nörgler mutiert.

Optimist
Ihr Optimismus macht das Glas halb voll und nicht halb leer und Sie gehen mit Ihrer positiven Stimmung auch als gutes Beispiel voran.

Persönlichkeit
Ihre Persönlichkeit spiegeln Ihre Mitarbeiter im Tun und Handeln wider. Daher achten Sie auf Ihre Ausdrucksweise, Kompetenz und Ihre Stärken. Dann haben Sie ein gutes Team für sich.

Querdenker
Sie haben Ihren eigenen Kopf und Ihre eigenen Ideen, dann ist das doch eine mentale Frischzellenkur für Ihr Team. Passt es zum Konzept, lassen Sie Ihre Gedanken auf Reisen gehen.

Reden
Reden Sie mit Ihren Mitarbeitern und nicht immer nur über Projekte und Zielvorgaben. Sie haben keine Roboter vor sich, die auf Knopfdruck funktionieren.

Selbstreflexion
Mit der Selbstreflexion können Sie Entscheidungen bewusster treffen und aus Fehlern schneller lernen. Zu Ihrem Selbstbild runden Ihre Mitarbeiter ein Fremdbild über Sie ab. Dann sind auch Sie über sich selbst im Bilde.

Talentmanagement
In Zeiten des schnellen Jobwechsels ist das Talentmanagement das A und O. Eine Führungskraft hat schnell mal gewechselt und erst dann weint man ihr nach. Behalten Sie die guten Mitarbeiter und versuchen Sie, sie für sich zu gewinnen. Denn Sie könnten einen Top-Mitarbeiter erhalten. Wertschätzen Sie seine Arbeit, seine Fähigkeiten und loben Sie auch. Zollen Sie ihm Respekt für sein Schaffen und Können. Das kann durch einen Bonus oder durch ein Feedback sein. Das trägt auch zur Persönlichkeitsentwicklung bei.

Unsicherheit
Bei riskanten Entscheidungen gibt es immer ein Für und ein Wider. Es gibt aber auch die Führungskräfte, die Fehler vermeiden möchten. Sie vermeiden damit nur ein unbefangenes Handeln, mehr aber auch nicht. Denn sie sind in dieser Situation wie festgefroren. Treffen Sie Entscheidungen im Team und nicht im Alleingang und beziehen Sie ruhig die Chefetage mit ein. Dann schwinden auch die Unsicherheiten.

Veränderungen
Planen Sie Veränderungen, dann planen Sie auch Ihre Mitarbeiter mit ein. Eine Veränderung bringt neue Möglichkeiten und Sichtweisen mit sich und kann dennoch zum guten wie auch zum schlechten Abschluss führen. Davor ist niemand von uns gefeit.

Wertschätzung
Es gibt Motivationskiller und die Wertschätzung. Letztere ist die bessere Alternative, um den Mitarbeitern ein gutes Gefühl zu geben. Eine Wertschätzung kann schon eine Kleinigkeit sein, die dem anderen den nötigen Aufwind gibt.

X-Faktor
Erzeugen Sie keinen Frust durch nicht erreichbare Ziele, sondern stecken Sie realistische Ziele. Dann hat Ihr Team auch in stürmischen Zeiten immer Oberwasser.

Young Professionals
Wenn Sie die sogenannten Young Professionals anstellen wollen, die jungen Talente, dann müssen Sie auch mit gewissen Herausforderungen winken. Hier müssen die Jobs überzeugend dargestellt werden, denn die hochbegabte Jugend kann sich die Jobs aussuchen und wird nicht ausgesucht.

Zuhören
Die banalen Dinge vergessen wir manchmal: das Zuhören, Hinschauen und Abwarten sowie auch Wiederholen. Nehmen Sie sich Zeit für Gespräche und hören Sie auch zwischen den Zeilen zu. Das kann manchmal sehr interessant sein.

Hat man die Anfangszeit gut überstanden und sich als Führungskraft profiliert, gehört man schon fast zu den alten Hasen. Dennoch ist die leitende Position keine Garantie auf einen dauerhaften Erfolg. Daran muss man nach wie vor arbeiten, selbst wenn sich die internen Strukturen gefestigt haben. Eine konsequente Steigerung der Managementfähigkeiten wird geradezu verlangt. Ebenso ist das branchenspezifische Know-how aufzufrischen. Das gehört heute zum guten Ton und ist in der internationalen Geschäftswelt willkommen. Ihre fundierte Erfahrung und der aktuelle Wissensstand werden Ihnen Tür und Tor öffnen. Somit sind Sie den anderen immer einen Schritt voraus.

Eine gute, versierte Führungskraft ist – entschuldigen Sie den Ausdruck – wie ein Leithammel. Die Mitarbeiter vertrauen ihm fast blind und er stellt den Fels in der Brandung dar. Einer, an dem man sich orientieren und zu dem man aufsehen kann. Viele Mitarbeiter nehmen sich die Chefs und Führungskräfte als Vorbild. Genau das sollten sie auch sein. Somit müssen auch Sie an Weiterbildungen teilnehmen und exklusive Förderprogramme nutzen. Diese Maßnahmen ebnen den Weg weit über die übliche Karriereleiter hinaus. Sie können damit die global orientierte Marktdynamik wie auch die Führungsqualitäten ausbauen und sie sich zunutze machen. Das bietet Ihnen in ferner Zukunft neue Geschäftsmöglichkeiten an. Nicht alle Führungskräfte bleiben ihrem Unternehmen auf ewig treu. Sprachkenntnis sind von großem Vorteil, wenn Sie vielleicht einmal international tätig sind. Bildungsmöglichkeiten bieten sich in den Vorstandsebenen genügend an, man muss sie nur zu nutzen wissen und sich zu eigen machen.

Möchten Sie eine gute Führungskraft werden oder bleiben, dann befolgen Sie ein paar Punkte:

- Die Gerechtigkeit siegt.
- Seien Sie immer ehrlich und loyal.
- Bieten Sie Ihren Mitarbeitern monatliche Meetings an.
- Probleme werden ausdiskutiert und nicht totgeschwiegen.
- Haben Sie ein offenes Ohr.
- Bevorzugen Sie niemanden, alle sind gleich.
- Sorgen Sie für Ordnung und Struktur.
- Fördern Sie Ihre Mitarbeiter in ihren Talenten.
- Leisten Sie Unterstützungsarbeit.
- Nehmen Sie jede Herausforderung an.
- Stellen Sie Ihre Fähigkeiten unter Beweis.

Auch Sie müssen sich erst in die Rolle einfügen. Lassen Sie sich Zeit und setzen Ihre Prioritäten und Ziele. Das Grundgerüst und Aushängeschild sind wie immer die Mitarbeiter. Diese müssen gefördert und gefordert und, wenn man so will, gehegt und gepflegt werden. Dann ergibt sich ein gutes Gesamtkonzept.

Hat man als Führungskraft schon einige Jahre auf dem Buckel, ist vieles festgefahren. Vielleicht schätzen auch Sie nicht mehr die Arbeit der Mitarbeiter oder nörgeln an jeder Kleinigkeit herum. Das demotiviert und bringt nicht gerade die beste Stimmung mit sich. Ihr Enthusiasmus und Ihr Team-Spirit sind im wahrsten Sinne des Wortes verflogen. Anfangs waren Sie noch voller Begeisterung und fanden die Arbeit und die Ideen Ihrer Mitarbeiter toll. Sie machten Mut, lobten und waren auch von kleinen Späßen und Aufmunterungen nicht abgeneigt. Und heute? Heute müssen sich die Mitarbeiter selbst aufraffen und Sie lassen die wertvollen Arbeitnehmer buchstäblich im Regen stehen.

Begeisterung sieht anders aus. Wo sind die Energie und der Gemeinschaftssinn hin? Einige Ihrer Mitarbeiter haben innerlich schon gekündigt; würden sie es wirklich tun, wäre es schade. Wichtig ist, sich selbst zu motivieren und diese Motivation weiterzugeben. Beraumen Sie ein monatliches Meeting an, so haben Sie nicht nur sich, sondern auch die anderen besser im Blick. Ihr Führungsstil entscheidet über Sieg oder Untergang. Das müssen Sie sich immer vor Augen halten.

Delegieren

Als Führungskraft sind Sie in der glücklichen Position zu delegieren. Sie müssen sich nicht um alles selbst kümmern und damit schlechte Laune und Hektik verbreiten. Einige Mitarbeiter fühlen sich sogar unterfordert, wenn Sie alles an sich heranreißen. Geben Sie ruhig etwas Verantwortung ab, dafür ist Ihr Team doch da. Delegieren kann dabei so einfach sein. Geben Sie gerade die Aufgaben aus dem operativen Tagesgeschäft ab und fördern und fordern Ihre Leute. So wächst Ihnen die Arbeit nicht über den Kopf.

Mitarbeiter weiterentwickeln

Mitarbeiter wachsen nur, indem man ihnen Dinge zutraut und sich auf Sie einlässt. Misstrauen ist da fehl am Platz. Jeder für sich muss zum Unternehmen passen, um eine Einheit zu bilden. Was bedeutet, Sie haben Ihr Team im Griff. So sollte es idealerweise sein. Ein Team ist ein Puzzle an guten Eigenschaften und mit Wünschen und Bedürfnissen bedacht. Nach vielen Jahren der Zusammenarbeit vergisst man das fast schon. Erarbeiten Sie sich Mitarbeiter- und Aufgabenprofile und sorgen Sie für die Weiterentwicklung Ihres Teams. Gerade das baut Vertrauen und Kompetenz auf. Interne Schulungen sind dabei unersetzlich. So können auch Sie besser delegieren und haben den Kopf für wichtige Dinge frei.

Klare Zuständigkeiten schaffen

Anfangs und bei neu gegründeten Unternehmen macht jeder das, was er kann, und so manches Mal einiges mehr. Eine Rangordnung besteht dann nicht. Doch das kreative Chaos kann auch in die Hose gehen, wenn die rechte Hand nicht weiß, was die Linke tut. Ein Zuständigkeitsbereich ist nicht in Sicht. Auch wenn Sie schon lange als Führungskraft tätig sind, kann das passieren, denn es läuft ja irgendwie. Aber Sie wissen ja, zu viele Köche verderben den Brei. Sie müssen sich immer abstimmen und in Endeffekt kommt kein ordentliches Ergebnis mehr zustande.

Wechseln Sie den Kurs und bringen einen neuen Wind in Ihre Mannschaft hinein. Jeder für sich erhält klare Aufgaben, Anweisungen und Tätigkeitsfelder. So entstehen auch keine Reibungspunkte wie ein innerbetrieblicher Konkurrenzkampf. Nutzen Sie die Stärken jedes einzelnen Mitarbeiters und nutzen nicht deren Schwächen aus:

Ein Beispiel dazu

Herr Müller ist ein Zahlenmensch und liebt daher auch buchhalterische Aufgaben. Durch das Verschieben der Strukturen ist ein fast unsinniger Wandel entstanden. Fräulein Meier, sehr kommunikativ, sitzt nun an Herrn Müllers Platz und das Unglück ist ihr geradezu anzusehen. Herrn Müller als Telefonist geht es ebenso. Beide können keine ordentliche

Leistung bringen und sitzen gedanklich fest. Dies führt zu häufigen Fehlzeiten und Fehlern. Das Ende vom Lied: Sie haben durch die Fehlbesetzung als Führungskraft versagt. Sorgen Sie daher für Klarheit und Struktur, dann fallen Aufgaben leichter, wenn sie in den Zugehörigkeitsbereich fallen. Denn alles andere ist vergeudete Zeit.

Vereinfachen Sie die Abläufe

Viele Führungskräfte verkomplizieren so, dass der Rest der Mannschaft nur noch Bahnhof versteht. Wie gehen Sie zum Beispiel vor, wenn Kundenbeschwerden eingehen? Wird der Kunde dann zum Wanderpokal, da die internen Abläufe nicht mehr stimmig sind? Sie haben die Tätigkeitbereiche zu ordnen und zu besetzen. Kunden sind das Kapital und sollten wie ein rohes Ei behandelt und nicht von A nach B vertröstet werden. Somit müssen Sie alles systematisch erfassen, damit keine peinlichen Fehler unterlaufen. Kunden brauchen direkte Ansprechpartner und adäquate Lösungsprinzipien, mehr nicht.

Schulen Sie Ihre Mitarbeiter für alle Eventualitäten, somit sind Sie bestens gewappnet. Gut strukturierte Abläufe in einem Unternehmen sind die beste Garantie für einen reibungslosen Ablauf. Sonst stehen sich Ihre Mitarbeiter selbst im Weg. Bauen Sie auch bei Krankheit und Urlaub vor und sorgen Sie im Einzelfall für eine kompetente Vertretung. Das spricht von guten Führungsqualitäten. Denn ein Team kann nur so gut sein wie sein Chef.

Lernen Sie das situative Führen

Nicht jeder Mitarbeiter kann gleich geführt werden, Menschen sind verschieden. Eine Führung bezieht sich zwar auf das ganze Team, aber auch immer auf jeden Einzelnen. Führen Sie daher auch Einzelgespräche, das schafft mehr Selbstvertrauen. Coachen Sie jeden Mitarbeiter nach Bedarf und arbeiten Sie die jeweiligen Stärken heraus. Bedenken Sie, es gibt die Selbstsicheren, die strotzen nur so davon, und die Unsicheren. Wägen Sie ab, wem Sie die verantwortungsvolleren Aufgaben überlassen. Überfordern Sie nicht und schränken auch nicht ein.

Vieles in den Führungsebenen läuft über die Psychologie. Wie verhalten sich meine Leute? Wer fällt positiv oder negativ auf? Gehen Sie auf jeden Einzelnen ganz individuell ein. Denn Ihr Team ist Ihr Kapital und fast so wie eine Familie. Führen Sie daher immer wieder Mitarbeitergespräche, die Ihnen Aufschluss über den Istzustand geben. Gerade die Unscheinbaren haben mehr auf dem Kasten, als man denkt. Haben Sie ein gutes Team, dann entlasten Sie sich selbst.

Schaufeln Sie sich Zeit für Führung frei

Im Zeitalter der Digitalisierung geht vieles einfacher und schneller von der Hand, oftmals mit nur einem Tastenklick. Früher durchwälzte man Listen und Journale und das ganze Team war mit dem Suchen einzelner Positionen beschäftigt. Denn wie heißt es so schön: „Das Haus verliert nichts." Aber anstrengend war es schon. Heute kann man relativ schnell und im Handumdrehen die Lohnabrechnung und Auftragserfassung mit unterschiedlichen IT-Lösungen schaffen. Auch die Rechnungserstellung geht im Nu. Die maßgeschneiderte Software verhilft zu mehr Freiraum, um den Kopf für das Wesentliche freizuhaben. Als Führungskraft stehen Ihre eigentliche Arbeit und die Mitarbeiter hoch im Kurs. Und auch hier wieder, geben Sie Arbeiten ab und delegieren Sie. Dann schaffen Sie sich den nötigen Platz für neue Ideen und Sie können sich wieder voll und ganz Ihren Führungsaufgaben widmen.

Manchmal kann man sich den Mund fusselig reden und es kommt nichts dabei raus. Einiges läuft dann unter Konfrontationskurs. Die Rhetorik ist die Kunst des Redens und der gesteigerte Umgang mit dem Wort. Was so viel bedeutet wie „die Kunst der Beredsamkeit", wie das altgriechische Wort „rhētorikḗ" den Ausdruck definiert. Die Rhetorik hat mit der Psychologie zusammen eine neue Bedeutung bekommen und passt perfekt in unsere Zeit. Sie steigert das Selbstbewusstsein und die sprachliche Flexibilität. So führen Sie ganzheitlich von Kopf bis Fuß.

Ergänzend stehen Sie als Führungskraft in Verhandlungen und bei Diskussionen. Demzufolge hilft Ihnen die Rhetorik ein großes Stück weiter und das mit voller Überzeugungskraft. Sie müssen nicht nur von sich selbst überzeugt sein, sondern überzeugen können. Achten Sie bei der Mitarbeiterführung wie auch in Besprechungen darauf, dass Ihre Inhalte im Gedächtnis bleiben. Rhetorik ist Kunst, und die Kunst ist es, andere mit Ihren Worten zu überzeugen. Das macht auch eine gute Führungskraft aus. Verlassen Sie den alten Führungsstil und lassen sich überzeugen.

Antworten, die Sie als Führungskraft niemals geben sollten

Schnell tritt man in ein Fettnäpfchen und es wird das falsche Wort gesprochen. Führen Sie daher Gespräche positiv, sonst erzeugen Sie Abwehr. Was nicht heißt, dass Sie sich alles gefallen lassen müssen. Aber der Ton macht bekanntlich die Musik.

Keine Dominanz

Ob Mitarbeitergespräche oder die anberaumte Besprechung, bleiben Sie standpunkttreu. Die Dominanz lassen Sie beiseite. Bedenken Sie, dass jeder von uns in einem Gespräch Wertschätzung braucht. Sprechen Sie Themen klar an, aber lassen Sie nicht Ihre Dominanz walten. Das wirkt überheblich und unsympathisch.

Vermeiden Sie folgende oder auch ähnliche Formulierungen

- Nun passen Sie auf, was ich Ihnen zu sagen habe.
- Das haben Sie völlig falsch verstanden.
- Wie oft soll ich es noch sagen?
- Das sehen Sie komplett falsch.
- Sie bräuchten nicht zu fragen, hätten Sie mal besser zugehört.
- Wenn Sie sich in die Position von Herrn XY versetzen würden, wüssten Sie Bescheid.
- Muss ich Ihnen das schon wieder erklären?
- Sie geben einen unsinnigen Einwand.
- Ihr Grundgedanke ist falsch.
- Bevor Sie Fragen stellen, denken Sie einfach mal nach.
- Zu diesem Thema passt Ihr Einwand überhaupt nicht.
- Ihre Frage erübrigt sich doch von selbst.
- Sie reiten immer auf dem gleichen Thema herum.
- Das ging ja komplett in die Hose.

Gerade Worte können treffen und das hat nichts mit einem niveauvollen Führungsstil zu tun. Achten Sie nicht nur bei Ihren Mitarbeitern auf die Wortwahl, sondern auch in Meetings, bei Kundengesprächen und in Besprechungen.

„Für eine gelungene Rede gebrauche gewöhnliche Worte und sage ungewöhnliche Dinge.“ (Arthur Schopenhauer)

Kraftvoll überzeugen mit Führungsrhetorik

Ausstrahlung ist alles und macht mit den größten Teil unserer Überzeugungskraft aus. Sie sollte sich mit der Formulierungskunst und Wortwahl paaren. Vielleicht kennen Sie das auch, dass man anderen gerne beim Reden zuhört. Zudem sollte nichts einstudiert und auch nicht verkrampft wirken, also frei von der Leber weg. Sie als Führungskraft mit Ihrer Vorbildfunktion sind sozusagen das Paradebeispiel. In Mitarbeitergesprächen überzeugen Sie und treten in jedem Meeting selbstbewusst auf. Sie sind kongresstauglich und bei Ihnen sehen die Mitarbeiter auf.

Sie sind kraftvoll und ausdrucksstark – wir reden nicht von einem Porsche, wir reden von Ihnen. Sie bleiben immer in der Spur. Ihre Wortwahl hat Hand und Fuß und Sie argumentieren schlagfertig und, wenn es sein muss, auch direkt. Doch sieht die Realität wirklich so aus? Winken Sie immer mit der Überzeugungskraft, oder treten auch bei Ihnen hin und wieder Schwächen auf? Resolut und zu Ihrer Meinung stehend macht es dies für andere einfacher, ihr zu folgen. So kommt niemand ins Grübeln und Sie kommen treffsicher ans Ziel.

Ein großer Vorteil der Rhetorik ist, dass sie sich nicht unnötig mit der Verstandsebene, sondern mit der Gefühlsebene des Gegenübers abgibt. Und genau das ist der große Vorteil, denn unser Verstand lässt uns schon mal zweifeln. Dagegen werden wir rein unbewusst von unseren Gefühlen beeinflusst. Das zu 90 Prozent, was auch nichts mit dem Geschlecht zu tun hat, denn Männer wie Frauen lassen sich von Gefühlen leiten, dem Unbewussten und unserem Unterbewusstsein. Der Verstand ist somit nicht ausschlaggebend. Sie sprechen mit der Rhetorik die Gefühle anderer an. Appellieren auch Sie mit Ihrem Vorhaben und in Gesprächen darauf. Somit setzen Sie die Rhetorik stets gezielt ein.

Bedenken Sie aber, dass hinter starken Worten auch Taten stehen sollen. Die Rhetorik dient nicht dazu, jemand gegen seinen Willen zu beeinflussen. Sie muss überzeugen und darf niemanden aufs Glatteis führen. Mit viel Verantwortungsbewusstsein kann sie auf etlichen Ebenen von großem Nutzen sein, was Ihnen zugutekommt, denn Sie verzichten auf die suggestiven Fragetechniken und die Ja-Schiene. So nach dem Motto: „Das war doch sicherlich auch in Ihrem Interesse?"

Die Rhetorik fängt das Unterbewusstsein und das Hier und Jetzt ein

- Wir können uns den Anfang sehr gut einprägen und merken.
- Wir stellen den Schluss der Rede in den Vordergrund,
- nehmen aber die Mitte nur flüchtig wahr.

Was bedeutet, Sie müssen bei Ihren Verhandlungen, Reden und auch Mitarbeitergesprächen stark anfangen und redegewandt aufhören. Der Mittelteil wird oftmals überhört. Das ist gar nicht böse gemeint, sondern völlig normal. Unser Gehirn speichert nur bestimmte Teile des Gesagten ab.

Bilden Sie daher die mittelstarken Argumente am Anfang, fallen aber nicht gleich mit der Tür ins Haus. Lassen Sie das Gegenüber noch zappeln, um am Ende perfekt zu überzeugen.

Die Rhetorik als Argumentationsverstärker

Meißeln Sie Worte in das Gedächtnis anderer ein. Das soll nun keine Drohung sein, aber Ihr Gesagtes soll hängenbleiben. Sie kennen es sicher noch von früher aus der Mitarbeiterrunde: Der Chef bemühte sich und gab sein Bestes – und die Mannschaft gelangte so langsam ins Tal der süßen Träume. Und warum? Die Rede war zu monoton. Das Unterbewusstsein war auf Halbmast und die Gefühle friedlich eingeschlafen. Der Verstand war noch wach, doch dem war das Gerede schon lange zu viel. Leider kommt das in den Chefetagen sehr häufig vor, man sieht es an den gelangweilten Gesichtern.

Nehmen Sie die Rhetorik als Argumentationsverstärker und sehen die Leute in der kleinen Runde bewusst an. So schläft Ihnen keiner vom Fleck weg ein. Denn fühlt man sich angesprochen, hört man auch zu. Bringen Sie auch die gewisse Stimmung in die Stimme, das ist sinnvoll.

Sie und Ihre wirkungsvollen Sätze sollen nicht in Vergessenheit geraten und im Gedächtnis haften. Fassen Sie sich daher kurz und prägnant und holen Sie nicht zu weit aus. Das irritiert nur, denn spätestens jetzt zeigen einige kein Interesse mehr. Wenn Sie jemand nach dem Weg fragt, erklären Sie ihn doch auch kurz und knapp. Sie fangen nicht mit Sehenswürdigkeiten und der landschaftlich schönsten Strecke an. Der Betroffene will schnell ans Ziel und keine Sightseeing-Tour bei Ihnen buchen. Zu viele Informationen setzen das Gegenüber ins Schachmatt.

Es kommt in jedem Gespräch auf die einflusshemmende und nachhaltige Wirkung an. Das ist wie in der Werbung. Man kann sich Dutzende prägnante Werbesprüche merken. In der Werbung quatscht keiner lange Opern, also halten auch Sie sich daran. Es geht immer um die Nachhaltigkeit im Gespräch und was beim Gegenüber hängenbleibt. Bauen Sie auf Wort- und Satzwiederholungen. Das hört sich vielleicht im ersten Moment etwas verwirrend an, ist aber eine gute Taktik, um sein Vorhaben durchzubringen. Diese Wiederholungen kommen am Anfang und am Ende vor und in der Mitte lassen Sie sie aus.

Seien Sie in Gesprächen stets ein Vorbild und trainieren Ihre Mitarbeiter zum Zuhören. Wie? Ganz einfach: Stellen Sie Fragen in den Raum, die Sie sich im Laufe des Meetings beantworten lassen. So bilden Sie ein gutes Team, und ein geschulter Mitarbeiter ist ein Garant für Leistung und Erfolg.

Seien Sie in der Rhetorik und Führung niemals negativ

Wir reagieren auf Worte hochempfindlich und auf negative sowieso. Schnell merken wir uns das Negative mehr als das Positive. Einiges nehmen wir uns richtig zu Herzen. Unser Unterbewusstsein ist geradezu prädestiniert dazu, das Negative in den Vordergrund zu stellen. So treten die gut gemeinten Worte langsam, aber sicher in den Hintergrund.

Achten Sie somit auf Ihre Formulierungen, was nicht heißt, dass negative Worte nicht fallen dürfen. Nur müssen sie an richtiger Stelle gesetzt werden und einen positiven Ausklang finden:

Beispiel

„Unser Umsatz war im letzten Quartal nicht gerade berauschend. Doch, wir haben es in diesem Quartal wettgemacht. Dieses Defizit nahm sich mein Team zur Brust und hat aus roten Zahlen wieder schwarze gemacht. Darauf bin ich als Führungskraft und Teamleiter sehr stolz." So bleiben den Mitarbeitern und Vorgesetzten das Gute und Ihr herzliches Lob in Erinnerung. Man sollte niemals auf dem Negativen herumreiten, sondern immer den Blick nach vorne richten. Sicher geht es in jeder Firma auch einmal um Problembewältigung, wenn man in den roten Zahlen steht oder der Verkauf nicht so läuft, wie er soll. Probleme kann und soll man ansprechen, um sich dann den Lösungen zu widmen. Das motiviert und lässt den Zusammenhalt wachsen. Die Rhetorik, die sogenannte Redekunst, trifft dabei immer ins Schwarze.

Ausstrahlung ist rein rhetorisch gesehen alles

Sie kennen sicher den Satz „Wir sind das, was wir ausstrahlen". Doch was strahlen Sie gerade aus? Pessimismus, Mutlosigkeit, Selbstzweifel oder Egoismus? Strahlen Sie das aus, machen Sie sich keine Freunde. Menschen zieht eher das Positive an. Nur so können Sie andere für sich gewinnen: mit Ihrer positiven Ausstrahlung, denn genau diese ebnet Ihren Weg. Wer offen und selbstbewusst ist, der ist auch ein herzlicher Mensch. Eine Führungskraft sollte daher auch nicht verbissen sein. Die fruchtbaren Geschäfte entstehen durch Ihre Offenheit und Zuversicht. Sie würden ja auch nicht ein Auto kaufen, wenn der Verkäufer diesem negativ gesinnt ist und das auch noch ausstrahlt. Sofort würden sich bei Ihnen Selbstzweifel einschleichen, wo Sie doch vor dem Gespräch so überzeugt davon waren.

Eine Führungsrolle fällt uns demnach auch leichter in die Hände, wenn wir eine kraftvolle Ausstrahlung haben. Demzufolge hat die Ausstrahlung einen großen Einfluss auf uns und andere. Mit einer positiven Ausstrahlung können Sie andere führen, mitnehmen und begeistern. So heißt es dann auch „Eine positive Ausstrahlung ist der Schlüssel zum Erfolg – nicht nur in der Mitarbeiterführung“. Achten Sie daher auf Ihre Ausstrahlung, mit der Sie andere beeinflussen, im positiven wie im negativen Sinne.

Treten Sie deshalb mit einer selbstbewussten Körperhaltung sowie auch gewinnbringenden Ausstrahlung auf. Nur so fallen Sie positiv auf und werden auch so wahrgenommen. Gerade im geschäftlichen Bereich ist das wichtiger denn je. Als Führungskraft präsentieren Sie Ihr Unternehmen und das soll ja nicht als Trauerkloß in Erinnerung bleiben.

Die selbstbewusste Körperhaltung und die Rhetorik im Zusammenspiel
Machen Sie sich nicht klein, sondern groß, und gehen aufrecht, die Schultern nach hinten gerichtet. Das zeugt von Selbstbewusstsein. Sprechen Sie mit klarer Stimme und wirken zugleich argumentationsfreudig. Der Blick ist dabei immer nach vorne gerichtet. Sehen Sie die Menschen beim Reden an, was nicht heißt, dass Sie sie anstarren sollen. Nur wer angesehen wird, fühlt sich auch angesprochen. Versuchen Sie stets, Ihre Ausstrahlung zu verbessern. Sie sind der Spiegel und den halten Sie Ihren Mitarbeitern vor. Auch fortgeschrittene Führungskräfte lernen niemals aus.

Eine Führungskraft führt sich in der Regel selbst, ein Mitarbeiter muss geführt werden. Die Kunst liegt darin, die ganze Aufmerksamkeit und Performance des Einzelnen zu erreichen. Schnell schleichen sich Fehler ein und sicher kann man es nicht jedem recht machen. Aber Sie als Führungskraft können motivieren. Dann steht das Unternehmen auch auf Erfolgskurs und Sie als Führungskraft haben es in der Hand.

Die Basis für den wirtschaftlichen Erfolg sind gute Leute im Betrieb. Gegen die Konkurrenz kann demzufolge nur eine gesunde und starke Mannschaft antreten. Sie tragen die Verantwortung dafür. Sicher steht der Spaß an der Arbeit im Vordergrund, nur der alleine bringt kein Geld. Es kommt auf die Entwicklung der Mitarbeiter an und – ganz wichtig – auf deren Loyalität. Folglich sind Ihr voller Körpereinsatz und Ihre Motivation gefragt. Die Ziele sind das A und O, wie in jedem anderen Unternehmen auch. Dabei ist die Unternehmensstruktur von großer Bedeutung. Das Fundament bröckelt oftmals und bringt Einbußen mit sich. Eine Firma ist wie eine große Familie, man muss aber jeden zu schätzen wissen. Eine Gemeinschaft mit demselben Gedanken, dass das Unternehmen wächst und gedeiht.

Führungskräfte sind dafür da, Ordnung in ein Team zu bringen. Oftmals beklagen sich die Chefs, wenn Aufgaben nicht fachgerecht erfüllt wurden. Wie auch, wenn es an der Ordnung und der nötigen Konsequenz fehlt? Arbeiten Sie daher Zielführungen aus, diese bringen einen Mehrwert mit sich. So weiß jeder, woran er sich zu halten hat.

Klarheit

Sind die Arbeiten gut aufgeteilt, weiß jeder Mitarbeiter, welches seine Aufgabe ist. Gerade in hektischen Momenten können schnell mal Nebelschwaden durch die Lande ziehen und die Sicht für das Wesentliche versperren. Klarheit verschafft auch ein Zeitmanagement und sorgt wiederum für einen klaren Rahmen. „Machen Sie mal“ kann heute und auch morgen sein. Sind Werte und Regeln aufgestellt, fühlen sich die meisten Angestellten gut darin aufgehoben. Innerhalb dieses Rahmens können sie sich dann frei bewegen und schätzen diesen Komfort sehr. Das gibt den erwünschten Halt und es wird sich besser auf das Wesentliche konzentriert.

Bestätigung

Zeigen Sie ruhig, wie stolz Sie auf Ihr Team sind, das ist die größte Bestätigung und Anerkennung zugleich. Zudem motiviert es zu mehr Tatendrang.

Reden ist Silber, Schweigen ist Gold

Nicht ganz. Mitarbeiter benötigen keine Dauerbeschallung vom Chef. Das wäre auch ganz schön unproduktiv. Ein gutes Gespräch zeigt viele Bereiche auf und weist auf Unklarheiten hin. Doch sollten Sie nicht aneinander vorbeireden, sondern denselben Kontext aufweisen. Halten Sie Team-Meetings ab, so kommt jeder zu Wort.

Grenzen stecken

Ihren als Führungskraft werden auch Grenzen aufgezeigt. Setzen Sie auch Ihren Mitarbeitern Grenzen, sonst macht jeder, was er will.

Halten Sie Ihre Mitarbeiter auf dem Laufenden

Schön, wenn Sie wissen, worum es geht. Und Ihr Team? Leider können die noch nicht Gedanken lesen. In unserer schnelllebigen Zeit stehen genauso schnell Veränderungen an. Somit muss der Informationsfluss durch E-Mails, Aktennotizen oder ein Meeting fließen. So weiß jeder über den aktuellen Stand der Dinge Bescheid.

Ihre Checkliste für ein gutes Miteinander

- Entscheidungsfreiheit ermöglichen
- in verständlicher Sprache sprechen
- Rückmeldungen abgeben
- Unternehmensziele verdeutlichen

- die Mitarbeiter um Rat und Hilfe fragen
- der Mitarbeiter darf Fehler machen, niemand ist perfekt
- bereinigen Sie frühzeitig Konflikte und erkennen diese, sonst hängt der Haussegen schief
- planen Sie genügend Zeit für Ihre Mitarbeiter ein
- loben Sie ergebnisorientiert

Wie reagieren Sie auf bestimmte Umstände?

Mitarbeiter sind keine Marionetten und somit hat man die Fäden nicht in der Hand. Was nicht heißt, dass man sie nicht gut führen kann. Wie gehen Sie aber mit verschiedenen Defiziten um?

Unpünktlichkeit

Herrscht keine Gleitzeit, ist Pünktlichkeit gefragt. Ihnen platzt jedes Mal der Kragen, wenn bestimmte Mitarbeiter die Uhr nach ihren eigenen Vorstellungen drehen? Ach, die paar Minuten, neulich die halbe Stunde, was ist schon dabei. Bleiben Sie in solchen Angelegenheiten einfach gelassen und führen Sie Einzelgespräche. Hier kommt Ihnen das schwarze Schaf nicht mehr aus. Fangen Sie nicht mit Vorwürfen an, sondern erklären Ihren Standpunkt und den des Unternehmens. Mahnen Sie auch ruhig mal ab, wenn das Ganze beratungsresistent läuft. Es geht nicht um Kontrolle, sondern um Anstand und Wertschätzung an sich.

Kontrollzwang

Es gibt Führungskräfte, bei denen man einem permanenten Kontrollzwang unterliegt, wenn man als Mitarbeiter einen Fehler begangen hat. Da traut man sich schon gar nicht mehr, auf die Toilette zu gehen. Aus Fehlern lernt man, aus der Kontrolle heraus nicht. Die schüchtert ein, macht unsicher und der nächste Fehler steht schon vor der Tür. Geben Sie lieber Hilfestellung und lassen Sie Gras über die Sache wachsen. Was nicht heißt, dass Sie zu den Fehlern des Mitarbeiters stehen. Aber auch Sie sind davor nicht gefeit.

Streit schlichten

Sie kommen ins Büro und zwei Streithähne haben sich in den Haaren. Gehen Sie einfach vorbei und lassen die machen? Oder mischen Sie sich ein? Bleiben Sie erst mal gelassen und ergreifen Sie nicht Partei. Lassen Sie jeden zu Wort kommen und suchen nach Alternativen. Nehmen Sie die Herrschaften beiseite und versuchen, dem Streit auf den Grund zu gehen. Es gibt immer Mittel und Wege, gut miteinander auszukommen.

Machen Sie einen Mitarbeiter zu Ihrem Vertreter

Das kann selbstverständlich auch eine Frau sein. Sie können nicht immer und überall sein und werden auch mal krank oder der Urlaub steht an. Dennoch möchten Sie auf dem Laufenden sein und die Arbeit soll weiter vonstattengehen. Suchen Sie sich einen Mitarbeiter aus, der kompetent, ehrlich und arbeitsfreudig ist. Er/Sie muss die Bereitschaft zeigen, gute Leistungen vorweisen, den Willen zur Weiterentwicklung haben und die nötigen Ideen sprießen lassen. Dann ist es Ihr „Mann“. Bauen Sie in jedem Fall als Führungskraft vor, dann setzen Sie sich nicht unter Druck. Auch das macht eine gute Führungskraft aus.

Führungskraft – Vorbereitung auf ein Mitarbeitergespräch

In Mitarbeitergesprächen geht es vorrangig um Zielvereinbarungen, Zielerreichung und auch Defizite. Jeder Mitarbeiter hat sein eigenes Leistungsprotokoll, Bemerkungen zum vorangegangenen Gespräch und stichpunkthaltige Angaben. Das können sein Charakter, seine Stärken und Schwächen sowie auch die Besonderheiten sein. Notieren Sie sich aber auch das Wesen der Mitarbeiter: Ist er umgänglich, ideenreich und arbeitsfreudig? Diese Protokolle und der aktuelle Leistungsstand machen ein Mitarbeitergespräch um ein Vielfaches leichter.

Bereiten Sie sich mit bestimmen Fragen vor, das kann die laufenden Vorhaben und Projekte betreffen, Verbesserungen und auch Veränderungen oder einen Positionswechsel bei bestimmten Aufgaben usw. sein.

Vorbereitung ist daher alles

- Sichern Sie den Verhandlungsrahmen im Vorfeld ab wie ein Bildungspaket, die Gehaltsspanne, eine Abfindung, Eskalationsmöglichkeiten bis hin zur Trennung und dem Ausscheiden aus dem Unternehmen. Eben je nachdem, welcher Tätigkeitsbereich Ihnen in der Personalführung zugetragen wurde, auch wenn es sich nicht immer um eine leichte Aufgabe handelt.
- Bringen Sie im Mitarbeitergespräch Lob und Kritik immer passend an.
- Sorgen Sie für ein ausreichendes Optimierungspotenzial und wappnen Sie sich gegen übertriebene Forderungen.
  Argumentieren Sie an der richtigen Stelle und leiten bei anhaltendem Verstoß der Arbeitsweise eine Abmahnung ein.

Die generellen Punkte in einem Mitarbeitergespräch

- Arbeitsaufgaben
- Zusammenarbeit
- aktuelle Arbeitssituation
- Entwicklungs- und Aufstiegsmöglichkeiten
- Potenzial
- Zielvorgaben

Laden Sie Ihren Mitarbeiter mit Angabe des Themas und des Termins zu einem persönlichen Gespräch ein. Sie müssen sicherstellen, dass das Gespräch störungsfrei, ohne eingehende Telefonate und andere Störquellen, stattfindet. Nur so hat der Mitarbeiter auch Ihre volle Konzentration. Schaffen Sie eine entspannte Atmosphäre und führen Sie diese Gespräche niemals zwischen Tür und Angel. Für den Gesprächsablauf tragen Sie als Führungskraft die volle Verantwortung. Führen Sie es daher professionell und im Namen der Firma. Gehen Sie niemals betriebsblind und blauäugig in ein Gespräch und bereiten Sie sich stets gut vor. Der Mitarbeiter tut es auch.

Was müssen Sie bei einem Mitarbeitergespräch beachten?
Ein Mitarbeitergespräch ist ein Vier-Augen-Gespräch, das zwischen dem Mitarbeiter und Ihnen geführt wird. Es ist die interne Kommunikation und ein Einzelgespräch. Aus diesen Gesprächen resultiert letztendlich, wie erfolgreich Sie führen und wie kompetent Sie sind. Somit sind die Gespräche ein Austausch und im beidseitigen Interesse. Führen Sie die Gespräche daher immer einzeln, vertrauensvoll und sachlich. In Gruppengesprächen geht so mancher unter.

Welche Arten von Mitarbeitergesprächen gibt es?
Das **Korrekturgespräch**: Ein Gespräch mit einem Mitarbeiter, indem es um Fehler wie auch Lösungen geht, um künftige Fehler zu vermeiden.

Das **Anerkennungsgespräch:** In diesem Gespräch loben Sie den Mitarbeiter, und zwar immer nur fallbezogen, sonst geht einiges unter. Der Mitarbeiter muss zielgerichtet gelobt werden, dann weiß er, woran er ist. Sagen Sie nur lapidar „Das ist super gelaufen“, kann das alles Mögliche sein.

Das **Gehaltsgespräch:** Es ist im Prinzip Bestandteil des Jahresgesprächs und eine finanzielle Anpassung an die bisherigen Leistungen.

Das **Beurteilungs-** und **Feedbackgespräch:** In diesem Gespräch erhält der Mitarbeiter eine Beurteilung, quasi eine Rückmeldung auf seine bisherigen Leistungen und Fähigkeiten. Gerade im Anschluss an Projekte werden die Schwächen wie auch Stärken aufgezeigt, um zu sehen, ob ein Weiterbildungsbedarf besteht.

Das **Zielvereinbarungsgespräch:** Die Ziele müssen mit dem Umsatz übereinstimmen. Dabei geht es um die Kosten- oder Effizienzziele. Gerade im Vertrieb werden die Ziele hochgesteckt und müssen von jedem im Verkauf erfüllt werden.

Das **Jahresgespräch:** Dieses Gespräch ist mittlerweile Standard, dabei wird gemeinsam Bilanz bezogen. Das Jahr noch einmal Revue passieren lassen und Vorschau auf das kommende Jahr nehmen. Demzufolge geht es bei diesem Mitarbeitergespräch auch um die Karriere- und Lebensplanung. Bei einem Jahresgespräch müssen sich daher beide Seiten gut vorbereiten.

Das Nacharbeiten von Mitarbeitergesprächen

Ist das Mitarbeitergespräch beendet, wird im Nachgang ein Ergebnisprotokoll erstellt. Fassen Sie die Inhalte kurz und knapp zusammen und geben Sie eine Leistungsbeurteilung zum Stand der Dinge ab.

Legen Sie dem Mitarbeiter das Protokoll vor und lassen es gegebenenfalls unterzeichnen. Geben Sie dem Mitarbeiter eine Kopie, denn so lassen sich Missverständnisse im Vorfeld ausräumen. So hat jeder von ihnen etwas in der Hand und kann nicht das Gegenteil behaupten. Somit hat jeder das Mitarbeitergespräch schwarz auf weiß. Mit diesem Ergebnisprotokoll werden Verbesserungen, Veränderungen und Zielsetzungen anberaumt. Was läuft perfekt und was kann noch in bessere Bahnen gelenkt werden? Zudem können Sie als Führungskraft beim nächsten Gespräch besser nachhaken und wissen bei jedem Mitarbeiter genau, worum es geht. Das zeugt von Ihrer Professionalität. Sie wissen ja: Die Mitarbeiter sind nur so gut, wie sie von der Führungskraft geleitet werden. Ein wichtiger Aspekt, um erfolgreich zu sein.

Wer sich mit der positiven Psychologie beschäftigt, kommt schnell auf einen grünen Zweig. Es ist die Wissenschaft vom gelingenden Leben und diese lässt folgende Fragen auftauchen:

- Wie gelingen positive Geschäftsbeziehungen?
- Was macht unser Leben lebenswert?
- Was lässt uns Menschen aufblühen?
- Wie finden wir den Sinn und die Lebensfreude in dem, was wir tun?

„Think positive" ist manchmal leichter gesagt als getan. Mit der positiven Psychologie erreichen Sie mehr Lebensfreude, sind glücklich, zufrieden und erfolgreich dazu. Das klingt fast wie ein Märchen, ist aber eine Wissenschaft für sich. Eines sollten Sie nicht vergessen: Sie können sich langfristig gesehen vor einem Burnout schützen.

Ein Abriss – Was die positive Psychologie ist und was damit gemeint ist

Der US-amerikanische Psychologe Abraham Maslow führte den Begriff im Jahr 1954 ein. Im Jahr 1990 wurde die positive Psychologie wieder aufgegriffen. Die positiven Aspekte des Menschseins werden fortgesetzt und handeln vom Glück, Optimismus, dem Vertrauen und der Geborgenheit, den Stärken wie auch der Solidarität. Nicht zu vergessen sind das Verzeihen und Vergeben.

Es handelt sich dabei um die positiven Seiten der menschlichen Existenz. In der wissenschaftlichen Psychologie ist es nicht neu, aber mit einer breiten und fundierten Basis ausgelegt. Daneben spielen unsere Charakterstärken eine Rolle und können im Wesentlichen gestärkt und gefestigt werden, wenn es sich dabei um das Positive handelt. Diese Menschen bringen es weiter im Leben und gehen Sachen einfacher an.

Sie sind ohne negative Hintergedanken, frei im Handeln und Denken, sie beeinflussen sich nicht negativ. Demzufolge unterscheiden sich sechs Tugenden, die wiederum 24 Charakterstärken zugeordnet sind:

- Die **Transzendenz** hat mit der Bedeutsamkeit wie auch den spirituellen Stärken zu tun. Es ist die Wertschätzung von Dankbarkeit, Hoffnung, Humor, Spiritualität sowie der Exzellenz und Schönheit.
- Die **Weisheit** und das **Wissen** definieren die kognitive Stärke und bereiten Neugier, Aufgeschlossenheit, Lernfreude, Perspektive und Kreativität.
- Die **Gerechtigkeit,** die zivilen Stärken, tragen zu Fairness, Verantwortung und Führungsstärke bei.
- Die **Courage**, die emotionale Stärke, nimmt sich der Beharrlichkeit, der Integrität, Vitalität und der Tapferkeit an.
- Die **Menschlichkeit**, die interpersonale Stärke, bezieht sich auf soziale Intelligenz, Freundlichkeit und Liebe.

Nun werden Sie sich fragen: Wozu brauche ich das überhaupt? Die positive Psychologie macht sich in allen Bereichen bemerkbar. Gerade in den Führungsebenen breitet sie sich gekonnt aus. Es ist die Identifikation der menschlichen Charakterstärke und spielt im Bildungskontext eine wichtige Rolle. Die wahren Kernqualitäten zeigen sich durch diese neue Erfahrung. Somit werden die positiven Aktivitäten neu definiert. Es geht nicht mehr darum, die Mitarbeiter wie auch Führungskräfte zur Leistung zu zwingen. Sie bringen die Leistung von selbst, durch die positive Psychologie, die Selbstvertrauen vermittelt.

Angewandt wird sie im geschäftlichen Bereich und diese Erkenntnis machen sich viele Unternehmen zunutze. So gewinnt die positive Psychologie immer mehr an Bedeutung. Lernen auch Sie daraus, um sich und Ihre Mitarbeiter positiv zu bestärken.

Das motiviert die Mitarbeiter wirklich

Probleme kann man mit positiven Gefühlen besser lösen. Motivation besteht nicht nur darin, die Mitarbeiter anzutreiben; Sie müssen Ihre Angestellten auch beim Entwickeln der Gefühle unterstützen. In Studien wurde belegt, dass Lob oder ein Bonus nur kurzweilig sind. Arbeitet man aber mit positiver Psychologie, so trifft man fast schon mitten ins Herz. Beim Lob freut man sich kurzfristig, mit der positiven Psychologie hält der Zustand langfristig an.

Der Teufelskreis heißt permanente Motivation

In vielen Unternehmen und vielleicht auch in Ihrem jagt eine Mitarbeitermotivation die andere. So soll die Leistungsbereitschaft erhalten werden. Die Aktionen setzen die Mitarbeiter aber eher unter Druck. Eine Dauermotivation entsteht, die den Mitarbeitern langsam, aber sicher auf die Nerven geht. Permanent fühlt sich das Team gezwungen, mehr Kraft zu investieren. Man kann fast sagen, es handelt sich um moderne Sklaverei. Die Erwartungshaltung der Führungskräfte ist hoch. Die wiederum müssen sich vor den Vorgesetzten rechtfertigen – ein Teufelskreis und eine Never-ending-Story. Viele Mitarbeiter werden immer inaktiver und reagieren nur noch. So verlaufen die Aktionen buchstäblich im Sand.

Vergessen Sie nicht, Sie sind von der Leistung Ihrer Mitarbeiter abhängig. Und Sie werden an der Leistung der Mitarbeiter gemessen. Somit stehen alle Seiten in einem Abhängigkeitsverhältnis. Wer zu viel Druck ausübt, kann keine ordentliche Leistung erwarten. Zudem schleichen sich vermehrt Flüchtigkeitsfehler ein. Damit erscheinen alle, inklusive Ihnen, im schlechten Licht. Als Führungskraft müssen Sie dann Rede und Antwort stehen. Das bringt Selbstzweifel und nagt am Selbstvertrauen. Ständige Motivationsprogramme sind ein fragwürdiges Führungsverhalten und den Mitarbeitern gegenüber keinesfalls gerecht. Arbeiten Sie vermehrt mit der positiven Psychologie. Es ist wirklich Balsam für die Seele.

Bedenken Sie, dass die Motivation einen Gegenspieler in der Nichtmotivation hat. Genau das ist die Definition dazu. Sie fördert keinesfalls die seelische Gesundheit. Gerade aus den USA schwappten die Motivationstrainer zu uns. Ganze Hörsäle füllten Sie und man unterlag schon fast einer Gehirnwäsche. Doch nur wer Eigenmotivation entwickelt, kann letztendlich motiviert werden, und das auch nur in Maßen und mit Bedacht. Die positive Psychologie baut den Leidensdruck ab und nimmt sich ganzheitlich an. Zudem geht es nicht nur um Leistung und Erfolg, es geht um die Menschen, die hinter dem Vorhaben stehen. Und darum, wie man das subjektive Wohlbefinden steigern kann.

So führt auch das Denken in Defiziten nicht zum Ziel. All das kann die Motivation im Negativen erreichen. Diesen Weg wollte keiner gehen, und dennoch wird er tagtäglich in den Vorstandsetagen gepredigt. Lassen Sie sich somit von der positiven Psychologie inspirieren und wecken in Ihren Mitarbeitern positive Emotionen. Das führt eher ans Ziel. Denn das positive Denken alleine hat noch keinen weitergebracht.

Die Frage stellt sich sogleich, warum so viel motiviert wird. Es ist die Konsequenz dessen, was in der Vergangenheit schiefgelaufen ist. So orientiert man sich an den Defiziten und plant Motivationsprogramme, anstatt mit der neuen Strategie zu winken und eine Zufriedenheit bei den Mitarbeitern herzustellen. Das wäre zielführend und ein guter Ansatz für die positive Psychologie.

Die Grundlagen für die intrinsische Motivation

Die persönliche Entwicklung eines Menschen unterliegt drei zentralen Wachstumsbedürfnissen, die als Motor für unser Wohlbefinden gelten. Dabei handelt es sich um die Kompetenz und Beziehung sowie um die Autonomie. Das sind die Grundlagen für das Entstehen der intrinsischen Motivation und sie beinhalten ein nachhaltiges Leben. Gerade Führungskräfte sollten diese Bedürfnisse im Umgang mit Menschen beachten. Genau diese Bedürfnisse werden nie endgültig befriedigt und sind im Laufe unseres Lebens immer relevant. Dies hat mit unserer Biografie und dem Erlebten zu tun. Die positive Psychologie bindet diese

Parameter sorgsam ein und achtet sie. Die Achtung vor dem Gegenüber geht langsam, aber sicher verloren. Wir können nur Menschen motivieren, indem wir sie auch psychisch wachsen lassen. Die Motivation an der falschen Stelle macht Mitarbeiter eher krank.

Sicher sehen die meisten Arbeitgeber den Profit, nur dies sollte nicht zulasten der Mitarbeiter gehen. Gerade die Sicherheit in einem Unternehmen ist die Basis für eine gute Zusammenarbeit. Bedenken Sie, auch wenn Sie der Motor des Geschehens sind, die Mitarbeiter benötigen zudem eine Bezugsperson. Diese sollte nicht nur das Sagen haben, sondern auch die persönliche Entwicklung der Mitarbeiter rein positiv lenken, sie begleiten und führen – und das im positiven Sinne.

Fördern Sie drei Komponenten

Die Autonomie stärken

Lassen Sie Ihre Mitarbeiter an der Gestaltung der relevanten Ziele und Ihrer Arbeit teilhaben. Das stärkt zugleich den Zusammenhalt und gibt die besagte Sicherheit. Bestimmte Bereiche können die Mitarbeiter selbst bestimmen, das ermöglicht eine gewisse Entscheidungsfreiheit. Vertrauen Sie auf deren Kompetenz, nur so kann man innerlich wachsen. Fragen Sie auch nach, was man ändern kann oder nicht, und suchen nach einem Lösungsprinzip.

Die Selbstwirksamkeit stärken

In dem, was Menschen tun, möchten sie selbstwirksam leben und das Gefühl haben, etwas zu bewirken. Nur so rücken die Ziele in greifbare Nähe. Signalisieren Sie Ihr Vertrauen in die Mitarbeiter und bestärken sie in ihrem Tun. Begehen Sie aber nicht den Fehler „dauerzuloben“, dann glaubt irgendwann keiner mehr daran. Loben Sie an angebrachter Stelle, das stärkt das Selbstvertrauen und eben auch die Selbstwirksamkeit. Ein positives Feedback ist aber okay. Das muss konkret sein und auch fallbezogen. All das erreichen Sie mit der positiven Psychologie. Fragen Sie ruhig, welche ihrer Fähigkeiten die Mitarbeiter eingesetzt haben. War es die Ausdauer, die Kreativität oder der Enthusiasmus? Das sind die wesentlichen Schritte, die Vertrauen in die Mitarbeiter pflanzen. Und genau das gibt ein gutes Gefühl.

Die Bindung stärken

Das Wachstumsmotiv zu stärken, hat etwas mit der inneren Einstellung und Haltung zu tun. Binden Sie die Mitarbeiter an sich und das kann einfach sein. Mit Strenge und der allgegenwärtigen Motivation kommen Sie nicht ans Ziel und somit auch nicht zum Erfolg. Jeder Mitarbeiter muss als Individuum wahrgenommen werden. Mit der Haltung „Sie haben die Lösung in sich" stärken Sie das Team und dessen Zusammenhalt. Das baut eine Bindung im und zum Unternehmen auf. Die gegenseitige Wertschätzung steht dabei hoch im Kurs.

Sagen Sie „Ich schenke Ihnen meine volle Aufmerksamkeit", hat das etwas mit Respekt und Haltung zu tun. Sie binden quasi die Mitarbeiter an sich. Positive Gefühle haben somit nichts mit positivem Denken zu tun. Das ist ein Irrglaube, der einem eingeprägt wird. Denken Sie positiv, wird alles gut. Nur denken viele Menschen positiv und ernten dennoch so viel Schlechtes. Ein positives Gefühl bestärkt dagegen unser Urvertrauen und lässt uns durchaus selbstsicherer wirken.

Probleme sind da, um sie zu lösen

Gehören Sie zu den Führungskräften die gerne auf Problemen herumreiten, als gebe es nichts anderes auf der Welt? Dann haben Sie sich ein Eigentor geschossen. Die positive Psychologie beruht darauf, die Gefühle sowie das Gedanken- und Handlungsrepertoire zu erweitern und zu stärken, und nicht darauf, ständig zu motivieren und die Mitarbeiter auf Dauer zu langweilen. Denken Sie zukunftsorientiert und sorgen Sie bei den Mitarbeitern für Ausdauer und Energie. Mit positiven Gefühlen lassen sich Schwierigkeiten leichter meistern. Gehen Sie dabei sensibel und unterstützend auf Ihr Team ein. Das ist der Ansatz der positiven Psychologie.

Führen Sie positiv

Ein wahrer Spruch: ***„Immer siehst du nur, was ich alles falsch mache. Aber das, was gut läuft, bemerkst du gar nicht."*** Niemand ist perfekt und Fehler gehören nun mal zum Leben. Viele Führungskräfte schauen lieber auf das, was nicht funktioniert, als auf das, was funktioniert. Das läuft schlichtweg unter Pessimismus und mehr nicht. Sie demotivieren und das hat nichts mit einer positiven Mitarbeiterführung zu tun. Sie kritisieren, werfen vor und zerstören jegliches Selbstvertrauen. Die Konzentration auf das Negative tut selten gut. Schauen Sie sich eine Familie an: Ist das Familienoberhaupt angespannt und genervt, wie werden wohl die übrigen Familienmitglieder sein? Sie nehmen das Verhalten an und wirken fast schon unterwürfig.

Gehen Sie weg vom Reparieren und Feuerlöschen und hin zur Potenzialentfaltung. Eine neue Erkenntnis mit Zufriedenheitsgarantie. Wenden Sie daher die positive Psychologie an und die hat mit der positiven Seite unseres Lebens zu tun. Glückliche Menschen strahlen eine tiefe Zufriedenheit aus und das stärkt den Selbsterhalt.

Wir blühen nun mal nur durch die positiven Gefühle auf und nicht durch die negativen Ereignisse. Schenken Sie Ihren Mitarbeitern Raum und Zeit und engen sie auch in ihrer Denkweise nicht ein. Wir denken immer, ein glückliches Leben bezieht sich nur auf den privaten Bereich. Das ist aber falsch. Das Privatleben und das Geschäftsleben bilden dabei eine Einheit – und es heißt nicht Zuckerbrot und Peitsche. Zu dieser Erkenntnis müssen Sie kommen. So können Sie auch das ganze Potenzial Ihrer Mitarbeiter nutzen. Streicheln Sie deren Seele und denken Sie endlich um. Denken Sie daran, was verbessert werden kann, und nicht, was schiefgelaufen ist. Das wissen Sie ja bereits. Leider liegt es in der Natur des Menschen, an Problemen zu haften und sich darin zu wälzen. Sie begleiten uns sogar in den Schlaf. Wandeln Sie sich und nehmen Sie sich die positive Psychologie zur Hand. Sie beschäftigt sich vornehmlich mit den Ressourcen, dem Potenzial und den Stärken. Die Schwächen stehen hier eher hinten an. Eine neue Sichtweise, die zu einer Leistungsverbesserung des gesamten Teams führen kann. Dabei spielen die Resilienz, der Optimismus und die Selbstwirksamkeit eine große Rolle. Die Mitarbeiter blühen förmlich wieder auf.

Daraus resultierende psychologische Aufgaben

- **Resilienz:** Rückschläge gehören zu unserem Leben. Dennoch sind wir zufrieden und kommen wieder auf die Beine. Nur so werden wir auch in Zukunft erfolgreich sein. Aus jedem Misserfolg kann man lernen.
- **Selbstwirksamkeit:** Es werden anspruchsvolle Aufgaben übernommen, mit dem nötigen Aufwand betrieben – mit dem Selbstvertrauen, sie erfolgreich zu meistern.
- **Hoffnung:** Sie generieren neue Ziele, arbeiten beharrlich in die richtige Richtung und suchen neue Lösungswege.
- **Optimismus:** Dem zukünftigen und jetzigen Erfolg sehen Sie positiv entgegen. Das zeichnet Sie aus.

Im Führungsalltag mit positivem Leadership überzeugen

Es gibt vier zentrale Elemente, die eine epochale Rolle in der Mitarbeiterführung darstellen. So können Potenziale generiert und gefördert werden. Das macht Sie als gute Führungskraft aus.

Den Istzustand fördern

Fördern Sie die Mitarbeiter in ihrem Engagement und erhalten dafür mehr Zuverlässigkeit und eine höhere Leistungsbereitschaft. Glückliche Menschen weisen geringere Fehlzeiten, mehr Zufriedenheit und mehr Arbeitseifer auf. Zudem wachsen die Eigeninitiative und das Vertrauen in sich selbst. Über- bzw. unterfordern Sie die Mitarbeiter nicht und suchen Sie den goldenen Mittelweg. Es gibt Menschen, die arbeiten so gerne, dass sie dabei die Zeit vergessen. Und das auch nur, weil sie mit neuen Aufgaben bedacht werden. So kann keine Langeweile entstehen und die Mitarbeiter trauern den eintönigen Arbeiten nicht hinterher. Denn es heißt ja nicht umsonst ***„Man wächst mit seinen Aufgaben"*** und das tun wir ja auch. Eine Weiterentwicklung, die gleichzeitig zu einer positiven Herausforderung wird.

- Die Ziele werden umfangreich und eindrucksvoll im Auge behalten.
- Die persönliche Leistungsfähigkeit kann mit der momentanen Tätigkeit gut Schritt halten und sich der Mitarbeiter dabei bestens entfalten.
- Zu der Tätigkeit werden zeitnah Anregungen präsentiert.
- Die persönlichen Werte können in die Tätigkeit mit einfließen.
- Die Tätigkeit geht einfach und leicht von der Hand.
- Die Tätigkeit macht Spaß und wird mit Sinn und Verstand ausgeführt.

Punkt für Punkt gute Ansätze, die das Arbeitsleben eines zufriedenen Mitarbeiters beschreiben. Denn nicht die Motivation ist das A und O, sondern die positive Psychologie. Daher müssen Sie immer den Istzustand der Mitarbeiter eruieren.

Die Menschenorientierung

Die positive Psychologie orientiert sich an dem jeweiligen Menschen. Was nicht heißt, Sie müssen es jedem Mitarbeiter recht machen. Gehen Sie auf die Qualifikationen und deren Qualitäten ein. Und vergessen Sie die Gefühlsebene nicht. Damit erreichen Sie Mitarbeiter, die mit Begeisterung ans Werk gehen, und die sind dann hochkonzentriert. Begleiten Sie Ihre Mitarbeiter durch eine offene Diskussionskultur und geben ihnen so die Möglichkeit zur freien Meinungsäußerung. Die Menschenorientierung ist demzufolge auf etliche Bereiche bezogen. Positive Psychologie zeigt keine Grenzen der Unmenschlichkeit auf, sondern der Barmherzigkeit. Viel zu oft gehen nett gemeinte Worte in unserer Gesellschaft verloren.

Vor allem in Chefetagen und Führungsebenen bekommt man es oft mit. Dort herrschen eine steife Brise und ein rauer Ton. Zeigen Sie daher Verständnis und mehr Menschlichkeit. Das glättet die Wogen.

Als Führungskraft müssen Sie authentisch, ehrlich und aufrichtig sein. Doch was ist davon echt und können wir das überhaupt in allen Situationen erfüllen? Die Echtheit, die Authentizität, verlangt mehr ab, als man denkt. Wir erfüllen doch eh schon so manches Klischee im privaten wie geschäftlichen Leben. Wir schlüpfen in verschiedene Rollen, um anderen zu gefallen und beliebt zu sein. Wir verbiegen uns im Job, um anerkannt zu werden, und dann sollen wir auch noch aufrichtig und ehrlich sein. Das passt doch nicht zusammen – oder ist es der Wunsch nach Sein statt Schein?

Jeder von uns setzt in etlichen Bereichen eine Maske auf, um auch sein Gesicht zu wahren. Niemand ist immer ehrlich und korrekt. Wer eine gute Führungskraft sein will, der muss ehrlich und aufrichtig sein. Hier geht es um eine ehrliche und anständige wie auch verantwortungsvolle Mitarbeiterführung und um das Unternehmenskonzept. Genau das macht auch eine Vorbildfunktion aus.

Gehen Sie davon aus, dass andere nicht viel besser sind als die Allgemeinheit an sich. Es gibt Menschen, die als Buchhalter tätig sind und die Kasse stimmt im Büro auf den Cent genau. Korrekt, loyal und hochgradig qualifiziert, präsentiert sich der Buchhalter. Auf die Person kann man sich zu hundert Prozent verlassen. Sein Zahlenverständnis macht ihn unschlagbar und seine Arbeit und Ehrlichkeit stehen hoch im Kurs. Privat sieht es bei dem Buchhalter ganz anders aus: Seine Finanzen und sein Ordnungssinn gleichen dem Chaos schlechthin, von der Pünktlichkeit mal ganz zu schweigen. Somit setzt auch er eine Maske auf. Auch Führungskräfte haben noch ein anderes Leben ohne Anzug und Krawatte. Doch das darf auch so sein, solange der Job nicht darunter leidet.

In etlichen Stellenanzeigen erscheinen die Worte „Suchen ehrlichen, loyalen und aufrichten Mitarbeiter, der die Echtheit in Person widerspiegelt". Nur hängen wir ja an keinem Lügendetektor, um dies gewissenhaft zu prüfen. Das Lügen fängt doch schon beim Vorstellungsgespräch an. Haben wir verschlafen, waren die Verkehrsverhältnisse daran schuld. Klingt besser und hat auch Sinn. Wer würde schon eine Schlafmütze mit Unpünktlichkeitswahn einstellen?

Was ist die Authentizität, die so großgeschrieben wird?

Googeln Sie mal, wie oft dieser Begriff zu finden ist. Gute 10,5 Millionen Einträge beschäftigen sich damit und die Sehnsucht nach Echtheit ist wohl groß. Und diese Echtheit wird auch immer wichtiger und jeder möchte anscheinend authentisch sein. Ist man echt, ist man ein Original und ein Unikat in unserer Gesellschaft. Sind es die Menschen, die uns knallhart ihre Meinung präsentieren und uns nicht netterweise den Honig um den Mund schmieren? Oder sind sie deshalb so echt, da sie nach ihren Vorstellungen leben? Man kann es auslegen, wie man will. Die Echtheit beginnt so langsam, aber sicher in jedem Bereich zu siegen. Nur woher wissen wir, wer echt ist oder nicht, wir kennen ihn doch nicht? Sicher kann man die Authentizität eher mit den Gefühlen, der Denkweise, dem Handeln und Reden definieren. Das spricht eher von der Echtheit und stellt den Menschen situationsbedingt dar. Hier eine etymologische Betrachtungsweise des Begriffs, die zielführender ist: So leitet sich das Wort *Authentizität* vom Griechischen *authentikós* ab. *Autos* bedeutet *selbst* und *ontos* bedeutet *sein*. Authentisch zu sein, heißt also übersetzt so viel wie **man selbst zu sein**.

Für Führungskräfte ist es sehr wichtig, authentisch zu sein. Dadurch wirken sie offen, entspannt, ungekünstelt und wahrhaftig. Sie stehen zu ihren Stärken und Schwächen und sind im Einklang mit sich selbst, das gibt den Mitarbeitern wiederum Halt. So muss man eine Führung heute sehen: eben rein authentisch.

Welche Synonyme entsprechen der Authentizität

- Wahrhaftigkeit
- Unverfälschtheit
- Glaubwürdigkeit
- Zuverlässigkeit

Das würde im Klartext heißen, wir verbiegen uns nicht und gehen keine faulen Kompromisse ein. Nur stellt eine Firma jemanden ein, kennt man ihn durch die Zeugnisse und den Lebenslauf auch nur im geschäftlichen Bereich. Aber vielleicht reicht die Authentizität im geschäftlichen Bereich auch aus. Eines muss man gerade als Führungskraft auf jeden Fall: glaubwürdig herüberkommen. Somit ist das Ganze ein Widerspruch an sich. Dann dürften Führungskräfte keine Ecken und Kanten vorweisen, denn sie könnten ja etwas im Schilde führen. Dennoch steht die Authentizität hoch im Kurs. Wir spielen doch schon auf Facebook oder Instagram den netten und wortgewandten Menschen vor. Immer gut drauf und ein Lächeln auf den Lippen. Hier ist dann die Anonymität erlaubt und auch so gewollt. Wie authentisch wir dann sind, wird zur reinen Nebensache. Das geht auch keinen etwas an. Auf Xing zeigen wir uns wieder seriös und so haben viele von uns zwei Gesichter. Das Selbstmarketing liegt voll im Trend. So sind das virtuell designte Image, die Online-Reputation und der eigene Ruf mehr als wichtig. Immerhin sind wir alle online und optimieren uns selbst. So steigern wir das Interesse an uns selbst und schüren die Neugier der anderen.

Ein Beispiel dazu

Nehmen wir eine Heiratsanzeige. Ralf. B. sucht eine Frau. Er, schütteres Haar, an die sechzig, in Frührente und der Couchpotato schlechthin mit den Hobbys Fußball, Rauchen und einmal die Woche zum Skat gehen. Da würde keine Frau den Finger krumm machen und eher das Weite suchen. Ralf B. hat die Anzeige aber so verfasst. „Charmanter Mann in den besten Jahren mit Bildung und Stil und als Schmusekater bekannt, sucht ein Kätzchen, gleich welchen Alters, zum Schmusen." Das spricht die Damenwelt doch eher an. Das bedeutet: So, wie man sich verkauft, so wird man auch wahrgenommen, und verstellen kann sich doch jeder. Auch das läuft unter Selbstmarketing und Ralf B. hat es damit geschafft. Wir wollen nur das sehen, was wir sehen wollen. Zudem imitieren wir andere Menschen wie Stars und Sternchen und sogenannte Vorbilder und sind gar nicht wir selbst. Wir sind von deren Persönlichkeit begeistert, nur nicht von uns selbst.

Und das wirft etliche Fragen auf

- Bleibt man sich in der heutigen so schnelllebigen Zeit noch treu?
- Kann man heute überhaupt noch authentisch sein?
- Was davon ist eigentlich noch real und was nicht?
- Wo endet der opportune Bluff?
- Wie weit ist die Eigenwerbung noch zuständig?
- Und ist die Wahrheit und Echtheit auch nicht unbequem?

Dazu finden sich vier Kriterien der Authentizität

Zahlreiche Wissenschaftler haben sich mit diesem Thema schon auseinandergesetzt. Vier Kriterien werden nachfolgend erörtert.

Die Ehrlichkeit

Ehrlichkeit währt am längsten. Nur leider sehen wir uns anders, als wir sind. Das kann an der falschen Wahrnehmung liegen oder daran, dass wir einfach dazu neigen. Und das fängt schon beim Aussehen an. Wir hübschen uns auf und das auch mit Photoshop, obwohl wir das gar nicht sind. Wir möchten anders sein. So kann uns aber bald niemand mehr identifizieren. Folglich wird auch der Lebenslauf aufgehübscht und beim Vorstellungsgespräch zeigen wir uns von der besten Seite. Nur all das sind wir nicht. Und dennoch wird das Authentische überall verlangt. Wo und wie sollen wir jetzt noch der Realität ins Auge blicken? Von Führungskräften wünschen wir uns die absolute Überzeugungskraft, die den Rest der Truppe anspornen soll. Jung, dynamisch und erfolgreich soll er sein, es war in der Stellenbeschreibung jedenfalls so zu lesen. Optisch und verbal ein Hingucker und immer für mehr bereit, als erwartet wird. Doch was hat das mit der Ehrlichkeit und Echtheit zu tun? Reicht es nicht, wenn jemand seine Arbeit tut und ehrlich im geschäftlichen Bereich ist? Da wirft die Authentizität viele Fragen auf.

Das Bewusstsein

Wir müssen selbst unsere Stärken und Schwächen kennen, das können andere nicht für uns tun. Wir erleben uns selbst intensiver durch die Selbstreflexion und erleben ein bewusstes Selbstbildnis.

Die Konsequenz

Haben Sie Werte, dann handeln Sie danach. Denn ein Opportunist wirkt unecht und eher verlogen.

Die Aufrichtigkeit

Ein geschöntes Bild kann eine Zeit aufrechterhalten werden, und wie heißt es so schön, ein bisschen Show muss ja sein. Zeigen Sie dennoch Größe und Haltung und lassen auch Ihre negativen Seiten hervor. Niemand von uns ist perfekt, da trügt der Schein.

So beginnt die Authentizität immer bei uns selbst. Wir sind aber weit weg davon, wenn wir in andere Rollen schlüpfen. Also bleiben Sie immer Sie selbst, so geht es sich deutlich einfacher durchs Leben.

Eine Führungskraft zu werden, fängt immer im Kleinen an. Nichts passiert von heute auf morgen und es benötigt Zeit. Man wächst mit seinen Aufgaben. So sind die Grundsätze, die Aufgaben und Werkzeuge eine gute Führung. Ein Baukastensystem, das fast einem Werkzeugkasten gleichkommt. Nur so haben Sie immer den systematischen Überblick.

Die Grundsätze der Führung sind daher schnell aufgezählt

- Vertrauen in sich und andere
- Stärken nutzen
- Resultatorientierung
- Konzentration auf Weniges
- Beitrag zum Ganzen
- für Ziele sorgen
- kontrollieren und organisieren
- Mitarbeiter entwickeln und fördern
- entscheiden
- Ihr Bericht und die persönliche Arbeitsmethodik sind epochal
- Leistungsbeurteilung der Mitarbeiter
- Budget und Budgetierung

Eine gute Führung ist daher ein praktisches Handeln

Die Rolle als Führungskraft ist nicht angeboren, sondern hart erarbeitet. Eine gewisse Begabung und Menschenkenntnis sind Voraussetzungen. Sie müssen ein Unternehmen in gewissen Bereichen führen und organisieren, Sie dürfen die Mitarbeiterführung und sich selbst nicht aus den Augen verlieren. Führen heißt somit, den Weg aufzuzeigen und die Firma als eine der besten Adressen darzustellen. Das Unternehmen schlechthin, das mit positiven Merkmalen auffallen will. Ein Unternehmen ist nur so gut, wie es seine Mitarbeiter sind. Zusammenfassend ist eine gute Führung eine Profession.

Die Rollen sind in den meisten Unternehmen klar verteilt, und wer wie Sie als Führungskraft tätig ist, der muss hin und wieder mal auf allen Hochzeiten tanzen. Dennoch ist auch Ihre Rolle klar definiert. Sorgen Sie daher strukturbedingt für Rollenklarheit. Mit Theorie und Wissen kommen Sie ans Ziel – und vergessen Sie dabei nie die Menschlichkeit.

Die Psychologie sollte Ihr Wegweiser in der Führungsebene sein. Nicht nur die Arbeit, sondern der Mensch an sich zählt. In diesem Buch geht es nicht nur um die Organisationkultur und das Handeln, es geht auch um die menschliche Seite. Hinter jedem Erfolg steht ein Mensch mit seinen Fähigkeiten.

Sie sind im Begriff, die Karriereleiter zu erklimmen. Herzlichen Glückwunsch für Ihren Mut und das Selbstvertrauen. Und bitte, scheitern Sie nicht an sich selbst. Wachsen Sie mit Ihren Aufgaben und nehmen Sie Niederlagen als eine Chance für eine positive Veränderung an. Bedenken Sie auch, Ihr Fachwissen ist nur ein kleiner Teilbereich des großen Ganzen.

Ihre Rolle ist demzufolge die Summe aller Erwartungen. Die Augen sind auf Sie gerichtet. Den kleinen Mitarbeiter beachtet man nicht. Sie müssen von nun an der Stratege, Integrator, Mediator und der Entscheider und Moderator sein. Dies ist ein kontinuierlicher Prozess, der sich hin zum Talentscout, Personalentwickler und Navigator weiter fortsetzt. Diesen Anforderungen müssen Sie tagtäglich gewachsen sein, vergessen Sie das nicht, sonst gehen Sie sang- und klanglos unter.

Sie haben das Zeug dazu und stehen auf dem Siegertreppchen. Das Buch wird Ihnen dazu einige Schritte erklären. Nutzen Sie Ihre Führungsqualitäten voll und ganz und führen Sie sich und Ihre Mitarbeiter konsequent und menschlich ans Ziel.

Alles Gute für Ihren beruflichen Weg und herzlichen Dank fürs Lesen.

Alle gut verfolgten Dinge hatten bisher Erfolg.
Friedrich Nietzsche

Bei ruhigem Wetter kann jeder leicht Steuermann sein.
Chinesische Weisheit

Damit das Mögliche entsteht, muss immer wieder das Unmögliche versucht werden.
Hermann Hesse

Das meiste haben wir gewöhnlich in der Zeit getan, in der wir meinen, nichts getan zu haben.
Marie von Ebner-Eschenbach

Das Schild ist`s, das den Kunden lockt.
La Fontaine

Den guten Steuermann lernt man erst im Sturme kennen.
Seneca

Der eine wartet, bis dass die Zeit sich wandelt, der andere packt sie kräftig an und handelt.
Dante Alighieri

Der Einfall ersetzt nicht die Arbeit.
Max Weber

Der gute Führer geht hinter den Menschen.
Laotse

Die drei F der Mitarbeiterführung: fordern, fördern und feedbacken.
Heinz-Werner Lüders

Die Erfahrung hat gezeigt, dass jeder Mensch der Architekt seiner eigenen Zukunft ist.
Gaius Sallustius Crispus

Die Fähigkeit eines Chefs erkennt man an seiner Fähigkeit, die Fähigkeiten seiner Mitarbeiter zu erkennen.
Robert Lembke

Die ganze Kunst der so schwierigen Menschenführung besteht darin, seine Untergebenen so zu behandeln, wie man selbst von seinem Vorgesetzten behandelt werden möchte.
Richard Nixon

Die Kunst, die Dinge ruhen zu lassen: umso mehr, je wütender die Wellen des öffentlichen oder häuslichen Lebens toben.
Baltasar Gracian y Morales

Dienstleistung kommt von Dienen, hat aber nichts mit Knechtschaft zu tun.
Trainerspruch aus Mannheim

Ein Beruf ist das Rückgrat des Lebens.
Friedrich Wilhelm Nietzsche

Ein freundliches Wort findet immer guten Boden.
Jeremias Gotthelf

Ein Führer ist jemand, der Hoffnung vermittelt.
Napoleon Bonaparte

Ein gescheiter Mann muss so gescheit sein, Leute anzustellen, die viel gescheiter sind als er.
John F. Kennedy

Ein Mann ohne Lächeln sollte kein Geschäft eröffnen.
Chinesische Weisheit

Ein Mensch bedarf des Lobes fast wie der Nahrung.
Emanuel Wertheimer

Ein Problem zu lösen heißt, sich vom Problem zu lösen.
Johann Wolfgang von Goethe

Einem Angestellten, der an seinem Vorgesetzten nie etwas auszusetzen hat, solltest du immer misstrauen.
John Churton Collins

Einen Nagel schlägt man nicht mit einem einzigen Schlag in die Kiste.
Benjamin Franklin

Es ist ein Zeichen von Mittelmäßigkeit, nur mäßig zu loben.
Vauvenargues

Freud an der Arbeit lässt das Werk trefflich geraten.
Aristoteles

Führung und Lernen bedingen sich gegenseitig.
John F. Kennedy

Genie beginnt großes Werk, Arbeit allein vollendet sie.
Joseph Joubert

Gut ist nicht gut genug, wenn Besseres erwartet wurde.
Thomas Fuller

Ich habe keine Zeit, mich zu beeilen.
Igor Strawinsky

Illusionen platzen immer. Träume werden immer wahr.
Yoko Ono

In der Beschränkung zeigt sich erst der Meister.
Johann Wolfgang von Goethe

In Dir muss brennen, was Du in anderen entzünden willst.
Heiliger Augustinus

Je planmäßiger Menschen vorgehen, desto wirksamer trifft sie der Zufall.
Friedrich Dürrenmatt

Kluge Leute lernen auch von ihren Feinden.
Aristoteles

Kritiker haben wir genug. Was unsere Zeit braucht, sind Menschen, die ermutigen.
Konrad Adenauer

Man löst keine Probleme, indem man sie auf Eis legt.
Winston Churchill

Müde macht uns die Arbeit, die wir liegen lassen, nicht die, die wir tun.
Marie von Ebner-Eschenbach

Nicht zu arbeiten ist schlimmer, als sich zu überarbeiten.
Samuel Smiles

Niemand kann ein guter Leiter sein, wenn er alles selber machen will oder alle Anerkennung für sich haben will.
Andrew Carnegie

Nur vom Nutzen wird die Welt regiert.
Friedrich Schiller

Ohne Action keine Satisfaction.
Sponti-Spruch

Operative Hektik ersetzt geistige Windstille.
Anonymus

Probleme sind Gelegenheit zu zeigen, was man kann.
Duke Ellington

Risikolos gewinnen heißt, ruhmlos siegen.
Pierre Corneille

Solange man selbst redet, erfährt man nichts.
Marie von Ebner-Eschenbach

Tue Gutes und rede darüber.
Unbekannt

Um erfolgreich zu werden, muss man seine Fehlerquote verdoppeln.
Thomas Watson

Und allzu straff gespannt, zerspringt der Bogen.
Friedrich Schiller

Unser Leben vergeudet sich in Details ... vereinfachen, vereinfachen.
Henry David Thoreau

Wenig Arbeit ist eine Bürde, viel Arbeit eine Freude.
Victor Hugo

Wenn die See ruhig ist, kann jeder das Steuerrad halten.
Publius Syrus

Wenn man eine Arbeit mag, dann ist es keine Arbeit.
Harry Angstrom

Wenn wir jeden Kunden gewinnen würden, wären wir zu preiswert.
Henry Ford

Wenn wir uns für die anderen interessieren, interessieren sie sich für uns.
Publius Syrus

Wenn zwei Menschen im Geschäft immer übereinstimmen, ist einer von ihnen überflüssig.
William Wrigley Jr.

Wer die anderen neben sich klein macht, ist nie groß.
Johann Gottfried Seume

Wer führen will, muss lernen, Emotionen zu wecken.
Unbekannt

Wer gar zu viel bedenkt, wird wenig leisten.
Friedrich Schiller

Wer nicht manchmal das Unmögliche wagt, wird das Mögliche nicht erreichen.
Max Eyth

Wer sichere Schritte tun will, muss sie langsam tun.
Goethe

Wer seine Kunden wirklich versteht, hat keine schwierigen Kunden.
Anonymus

Wer überall zugleich ist, ist nirgends.
Thomas Fuller

Wer vorsieht, ist Herr des Tages.
Johann Wolfgang von Goethe

Werde also nicht müde, deinen Nutzen zu suchen, indem du anderen Nutzen gewährst.
Marc Aurel

Zu viel und zu wenig Vertrauen sind Nachbarskinder.

Wilhelm Busch

https://train-the-trainer-seminar.de/monatszitate/monatszitat_fuer_fuehrungskraefte.html

Impressum

Herausgeber: Pegoa Global Media GmbH / Am Sandtorkai 27 / 20457 Hamburg
Kontakt: kontakt@pegoamedia.de
Coverbild: Shutterstock

Haftungsausschluss:
Die Nutzung dieses Buches und die Umsetzung der enthaltenen Informationen, Anleitungen und Strategien erfolgt auf eigenes Risiko. Der Autor kann für etwaige Schäden jeglicher Art aus keinem Rechtsgrund eine Haftung übernehmen. Haftungsansprüche gegen den Autor für Schäden materieller oder ideeller Art, die durch die Nutzung oder Nichtnutzung der Informationen bzw. durch die Nutzung fehlerhafter und/oder unvollständiger Informationen verursacht wurden, sind grundsätzlich ausgeschlossen. Rechts- und Schadenersatzansprüche sind daher ausgeschlossen. Dieses Werk wurde sorgfältig erarbeitet und niedergeschrieben. Der Autor übernimmt jedoch keinerlei Gewähr für die Aktualität, Vollständigkeit und Qualität der Informationen. Druckfehler und Falschinformationen können nicht vollständig ausgeschlossen werden. Es kann keine juristische Verantwortung sowie Haftung in irgendeiner Form für fehlerhafte Angaben vom Autor übernommen werden. Die bereitgestellten Analysen, Vorschläge, Ideen, Meinungen, Kommentare und Texte sind ausschließlich zur Information bestimmt und können ein individuelles Beratungsgespräch nicht ersetzen. Alle Informationen dieses Buches entsprechen dem Kenntnisstand zum Zeitpunkt des Verfassens dieses Buches. Eine Haftung für mittelbare und unmittelbare Folgen aus den Informationen dieses Buches ist somit ausgeschlossen.
Informieren Sie sich weitläufig aus unterschiedlichen Quellen und bedenken Sie, dass am Ende nur Sie für die Entscheidungen verantwortlich sind.

Haftung für externe Links:
Unser Angebot enthält Links zu externen Websites Dritter, auf deren Inhalte wir keinen Einfluss haben. Deshalb können wir für diese fremden Inhalte auch keine Gewähr übernehmen. Für die Inhalte der verlinkten Seiten ist stets der jeweilige Anbieter oder Betreiber der Seiten verantwortlich. Die verlinkten Seiten wurden zum Zeitpunkt der Verlinkung auf mögliche Rechtsverstöße überprüft. Rechtswidrige Inhalte waren zum Zeit-punkt der Verlinkung nicht erkennbar.

Wir danken Ihnen für Ihr Interesse und Ihr Vertrauen. Als Dankeschön dafür, haben wir eine besondere Überraschung. Wir haben einen **grandiosen Guide der zu mehr Erfolg in Alltag und Beruf verhilft,** exklusiv für Sie. Und diesen erhalten Sie vollkommen kostenlos. Das klingt wunderbar? Dann warten Sie nicht lange und holen Sie sich Ihr Gratis-Geschenk.

Hier geht es zu Ihrem Gratis-Geschenk:

https://forms.gle/8MPHWgx1ZET791gy8

1. **Öffnen Sie die Kamera-App auf Ihrem Smartphone und richten Sie die Kamera auf den QR-Code.**
2. **Klicken Sie auf den Link, der Ihnen angezeigt wird und schon werden Sie zur Website weitergeleitet.**